"十三五"示范性高职院校建设成果教材

模拟电子技术项目教程

主 编　唐　静

副主编　王文魁　马薪显　纪丽凤　胡立荣

北京理工大学出版社
BEIJING INSTITUTE OF TECHNOLOGY PRESS

内 容 提 要

本书从高职高专教育及其学生特点出发,将课程涉及的知识进行碎片化处理,将教学内容以项目为载体进行整合,以全新的教学理念和教学方式介绍模拟电子技术的相关内容,力求体现项目课程的特色与设计思想,以项目任务为出发点,激发学习兴趣。

全书内容选取具有实用性,以项目为载体进行内容划分,共包括制作直流稳压电源、制作前置放大器、制作功率放大器、制作音响 LED 动态显示器、制作音调电路和保护电路、组装调频无线话筒和制作电子报警器 7 个典型的工作项目和 1 个制作录/放音机综合项目,强调基本知识的运用和基本技能的训练及知识间的相互衔接。

本书可作为高职高专电气工程、自动化、电子、通信、机电等专业的教材,也可供从事电子技术的工程技术人员参考。

图书在版编目(CIP)数据

模拟电子技术项目教程/唐静主编. —北京:北京理工大学出版社,2017.1
(2017.2 重印)
ISBN 978 - 7 - 5682 - 3006 - 3

Ⅰ. ①模… Ⅱ. ①唐… Ⅲ. ①模拟电路 - 电子技术 - 高等学校 - 教材 Ⅳ. ①TN710

中国版本图书馆 CIP 数据核字(2016)第 205270 号

出版发行 / 北京理工大学出版社有限责任公司

社　　址 / 北京市海淀区中关村南大街 5 号

邮　　编 / 100081

电　　话 / (010) 68914775 (总编室)

　　　　　(010) 82562903 (教材售后服务热线)

　　　　　(010) 68948351 (其他图书服务热线)

网　　址 / http://www.bitpress.com.cn

经　　销 / 全国各地新华书店

印　　刷 / 三河市华骏印务包装有限公司

开　　本 / 787 毫米 × 1092 毫米　1/16

印　　张 / 14　　　　　　　　　　　　　　　　　责任编辑 / 陈莉华

字　　数 / 335 千字　　　　　　　　　　　　　　文案编辑 / 张　雪

版　　次 / 2017 年 1 月第 1 版　2017 年 2 月第 2 次印刷　责任校对 / 周瑞红

定　　价 / 34.00 元　　　　　　　　　　　　　　责任印制 / 李志强

前言

Preface

    本书是根据高职高专培养目标的要求及现代科学技术发展的需要，以现代电子技术的基本知识、基本理论为主线，以应用为目的编写的一本以项目为导向的新型教材。

    本书紧密围绕高职高专教育的特点，将课程涉及的知识进行碎片化处理，以项目为载体将教学内容进行整合，以培养学生的工作能力为目的将理论知识的讲授、课内讨论、作业与技能训练有机结合、融为一体，使能力培养贯穿于整个教学过程中。采用项目引领、任务驱动、行动导向的教学方式，提出学习目标并围绕实用电子产品的制作展开教学。对于典型电子电路的制作与调试，引入相关的理论知识，突出基本技能训练，强调理论在实践中的应用。

    本书注重培养学生对实际电路的分析和调试能力。全书内容共包括制作直流稳压电源、制作前置放大器、制作功率放大器、制作音响LED动态显示器、制作音调电路和保护电路、组装调频无线话筒、制作电子报警器7个典型的工作项目和1个制作录/放音机综合项目，强调基本知识的运用和基本技能的训练。

    本书具有以下特点：

    （1）采取知识碎片化处理，结合实际项目展开教学活动；

    （2）采用项目教学，以工作任务为出发点，激发学生学习兴趣；

    （3）采用理论实践一体化教学模式，将"做"与"学"有机结合，融为一体；

    （4）以小组学习为主，培养学生团队合作精神；

    （5）以学生学习为主，以教师指导为辅，培养学生独立学习能力；

    （6）教学评价采取项目模块评价，理论与实践相结合、制作与知识相结合。

    本书在编写过程中，得到了北京理工大学出版社的大力支持和帮助，在此对为本书出版做出贡献的同志们表示衷心感谢！

    本书由辽宁建筑职业学院唐静老师担任主编，同时编写项目三和项目五及对全书进行统稿；辽宁建筑职业学院马薪显老师编写了项目二和项目四；王文魁老师编写了项目六及综合实训；纪丽凤老师编写了项目一；胡立荣老师编写了项目七；由孙琳教授担任主审。另外本书在编写和出版过程中还得到了辽宁建筑职业学院史学媛老师的大力支持，在此一并表示衷心感谢！

    由于编者水平所限，加之时间仓促，书中难免存在差错和疏漏，编者热切期望广大师生对书中存在的问题提出批评和建议。

编 者

目 录
Contents

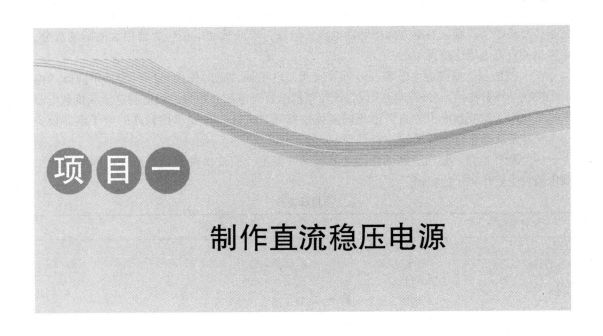

项目一

制作直流稳压电源

1.1 项目导入

日常生活中的驱动电子电器设备所用的直流电源，通常是由电网提供的交流电经过整流、滤波和稳压以后得到的。对于直流电源的主要要求是输出的直流电压幅值稳定，当电网电压或负载电流波动时，输出的直流电压要基本保持不变；电压平滑，脉动成分小；交流电变换成直流电时转换效率高。电子爱好者制作电子应用电路或进行电子实验时需要有输出电压可调的直流电源，本项目制作的就是一个输出电压可调，有一定带负载能力的直流稳压电源。

一般直流稳压电源的组成如图 1-1 所示。

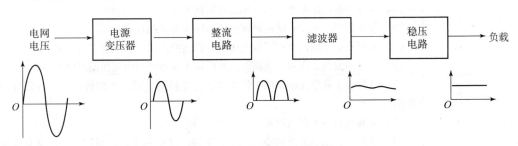

图 1-1 直流稳压电源的组成

现将图中各个组成部分的作用分别说明如下。

（1）电源变压器。电网提供的交流电一般为 220 V（或 380 V），而各种电子电器设备所需要的直流电压幅值却各不相同。因此，常常需要将电网电压先经过电源变压器，然后对变换后的次级电压进行整流、滤波和稳压，最后得到所需要的直流电压幅值。

（2）整流电路。整流电路的作用是利用具有单向导电性能的整流元器件，将正负交替的正弦交流电压整流成为单方向的脉动电压。但是，单向脉动电压包含着很大的脉动成分，距理想的直流电压还差得很远。

（3）滤波器。滤波器由电容、电感等储能元件组成，它的作用是尽可能将单向脉动电压中的脉动成分滤掉，使输出电压成为比较平滑的直流电压。但是，当电网电压或负载电流发生变化时，滤波器输出的直流电压的幅值也将随之变化，在要求比较高的电子电器设备中，这种情况是不符合要求的。

（4）稳压电路。稳压电路的作用是采取某些措施，使输出的直流电压在电网电压或负载电流发生变化时保持稳定。

项目任务书

项目名称	制作直流稳压电源
项目目标	1. 知识目标 （1）掌握二极管的特性、参数、组成和分类； （2）了解特殊二极管的特性； （3）掌握判别二极管好坏的方法； （4）掌握二极管稳压电路的组成； （5）了解三极管的工作参数、工作状态的判断方法； （6）理解三极管的电流放电作用； （7）熟悉电容器的工作方式，能识别电解电容器的极性； （8）理解整流滤波电路的工作原理； （9）掌握串联稳压电路的工作原理； （10）掌握电容器的结构、材料、参数、种类与用途等相关知识； （11）掌握串联稳压电路中主要元器件的参数要求； （12）认识集成三端稳压电路。 2. 技能目标 （1）掌握测试各种二极管的好坏、极性的方法； （2）掌握根据电路要求正确选用二极管的方法； （3）掌握整流、滤波电路的输出电压与输入电压的计算； （4）掌握根据电路的要求正确选用参数合适的二极管和电容器的方法； （5）熟练地阅读串联稳压电路图，并明确工作框图与电路图的对应关系； （6）掌握对串联稳压电路的工作原理进行分析的方法，并理解电路中各元件的作用； （7）掌握电路基本调试和测量的方法； （8）掌握串联稳压电路的检测方法，掌握电路中的重要测试点，当电路有故障时，能通过测量数据进行故障分析； （9）能根据电路图在万能电路板上进行元器件布局； （10）熟练测量串联稳压电路的电压与电流参数； （11）掌握制作 LM317 集成稳压电源的方法； （12）掌握测量 LM317 集成稳压电源的各项技术指标的方法

项目名称	制作直流稳压电源
操作步骤	第一步 学习电子元器件知识
	第二步 制作二极管整流、滤波电路
	第三步 学习直流稳压电路的知识
	第四步 制作串联型可调式直流稳压电路
	第五步 掌握串联稳压电路的分析方法
	第六步 调试串联稳压电路
任务要求	2～3人为一组，协作完成任务

1.2 项目实施

任务一 测试二极管

【任务目标】

（1）了解二极管的组成和分类；

（2）掌握二极管的特性及参数；

（3）了解稳压二极管的工作原理；

（4）掌握判别二极管好坏的方法。

一、二极管的基本知识

1. PN结的形成及其特性

在P型半导体上采用一定的工艺，生成N型半导体，于是在P型半导体与N型半导体连接处便产生一个交结区，在这个交结区，P型半导体一侧带负电，N型半导体一侧带正电，从而在其交接面就形成了空间电荷区，称为PN结，如图1-2所示。

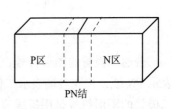

图1-2 PN结

PN结最基本的特性是单向导电，根本原因是PN结中形成了阻挡层。阻挡层在外加电压的作用下，使通过PN结的电流向单一方向流动。

2. 二极管的电路图形符号

（1）在PN结的P区和N区各接一个电极，再进行外壳封装并印上标记，就制成了一只二极管。如图1-3所示是几种常见的二极管外形，都是由电极（引脚）和主体部分构成。主体内部就是一个PN结，一般只能看到PN结封装后的外形。

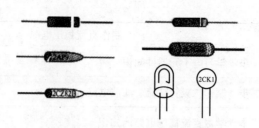

图 1 - 3 几种常见的二极管外形

二极管的两个电极分别称为阳极（也叫正极）和阴极（也叫负极）。阳极从 P 区引出，阴极从 N 区引出。从二极管的外形看，可初步分辨出二极管的阳极和阴极。对于圆锥形二极管来说，锥端表示阴极，圆面端表示阳极，形象地表现了 PN 结正向电流的方向。对于圆柱形二极管来说，常在外表一端用色环或色点表示阴极（负极），没有标记的一端就是阳极（正极）。对于球冠形二极管来说，在阴极（负极）旁常用黑点标记。对于无色标，但两引脚一长一短的二极管来说，长脚表示阳极（正极），短脚表示阴极（负极）。后面还要介绍用万用表判断二极管电极的方法。

（2）二极管在电路中的图形符号。二极管的种类与用途较多，为了在绘制电路图时便于描述，人为地规定了二极管的图形符号。对不同种类的二极管，规定了不同的图形符号，如图 1 - 4 所示（按国家标准 GB 4728《电气图形用图形符号》规定）。

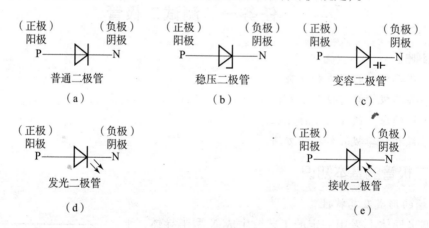

图 1 - 4　二极管图形符号

普通二极管的图形符号，以短竖线表示 PN 结 N 区，三角形表示 P 区，两者接触的一点表示 PN 结，长线右端表示二极管阴极（负极），长线左端表示二极管阳极（正极）。稳压二极管的图形符号是用折线表示 PN 结的 N 区；变容二极管的图形符号是在普通二极管符号旁加一个小电容符号；发光或发射二极管的图形符号是在普通二极管旁加两个指向外侧的小箭头，表示发光或发射；接收二极管图形符号是在普通二极管旁加两个指向内侧的小箭头，表示接收外来光源。

3. 二极管的特性

二极管由 PN 结构成，要了解二极管的特性，就要分析 PN 结的特性。通过对 PN 结特性的分析，可知当 PN 结加上正向电压（P 区的电位高于 N 区的电位）时能导通电流；当 PN 结加反向电压（N 区的电位高于 P 区的电位）时就难以导通电流，表明 PN 结具有单向导电的特性。

二极管伏安特性如图 1 – 5 所示。

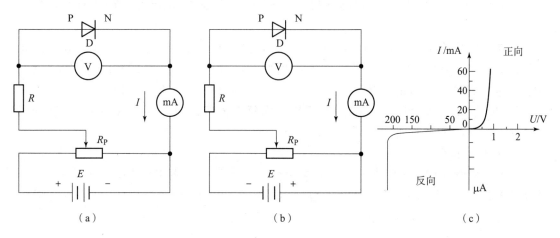

图 1 – 5　二极管伏安特性

（a）正向特性；（b）反向特性；（c）伏安特性曲线

由以上可知二极管具有单向导电特性，研究二极管伏安特性就是观察当二极管两端加上电压时，流过二极管电流的情况。如图 1 – 5（a）、（b）所示是研究二极管伏安特性的电路。图中 R_P 是电位器，改变 R_P 就可以改变二极管两端电压，R 是限流电阻，起到保护二极管的作用。二极管的伏安特性包括两个方面，一是正向特性，二是反向特性。

（1）正向特性。调节如图 1 – 5（a）所示电路中的 R_P，当二极管两端正向电压低于 0.5 V 时，二极管几乎不导通，电流为零，电压从 0.5 V 逐渐增大，电流也随之增大，当电压达到 0.7 V 时电流增加速度明显加快。继续调节 R_P，二极管两端电压基本不再变化，但电流却迅速增大。经过定量测量得出正向伏安特性曲线。

（2）反向特性。给二极管加反向电压，调节如图 1 – 5（b）所示电路中的 R_P，使反向电压从零逐渐增大，开始时流过二极管的电流几乎为零，当反向电压增大到某一值时（如图 1 – 5（c）所示，设为 215 V），流过二极管的反向电流迅速增大，此时二极管处于反向击穿状态。经定量测量得出反向伏安特性曲线。

由以上可知，当二极管加正向电压超过 0.5 V 时，二极管开始导通，达到 0.7 V 时（硅管），二极管正向电压基本不再变化，将这一电压（约 0.7 V）称为二极管的正向导通压降。若二极管是由锗材料制成的，则称为锗二极管的正向导通压降（一般为0.2~0.3 V）。当二极管加反向电压时，电压从零到某一值以前，二极管几乎无电流通过，当达到某一值时电流突然增大，这就表明二极管反向击穿了，流过的电流为反向电流，此时的电压值称为击穿电压。

【结论】二极管加正向电压（硅管大于 0.5 V；锗管大于 0.2 V）时，二极管导通，导通压降为 0.7 V（硅管 0.7 V；锗管 0.3 V）。当二极管导通时，有电流流过二极管；当给二极管加反向电压（未超过击穿电压）时，二极管截止。当二极管截止时，没有电流流过二极管。

4. 二极管的分类

二极管的类型可根据其应用于电路的工作性质来区分，包括整流二极管、稳压二极管、开关二极管、检波二极管等多种用途不同的二极管。下面介绍实验中应用的两种二极管。

1）整流二极管

整流二极管的功能就是 PN 结单向导电特性的应用。为了满足负载对电流的需要，当电路中流经足够的电流时二极管应不受损坏，而且当电路中出现反向电压时二极管应不导通反向电流。满足上述要求的二极管，就可以称为整流二极管。由于电路工作频率不同，整流二极管还有普通整流管和快恢复整流管之分，在选择整流二极管时不可忽视二极管的恢复时间。

2）稳压二极管

稳压二极管应用了 PN 结的反向击穿特性。当稳压管中的 PN 结反向击穿时，反向电流最大，且 PN 结两端的反向电压是稳定的；当反向电压消失后，PN 结不会损坏。因其有稳压的特点，故称为稳压二极管。稳压二极管工作在反向击穿状态。

5. 二极管的主要参数

1）整流二极管的主要参数

①最大整流电流 I_{DM}。

最大整流电流是指在保证二极管长期正常工作的前提下，允许流过二极管的最大电流，不同型号的二极管有不同的最大整流电流值。该参数可通过查阅《二极管参数手册》获得。

②最高反向工作电压 U_{RM}。

最高反向工作电压是指整流二极管在工作过程中，所能承受的最高反向电压。不同电路在不同时刻的反向电压大小不同，若二极管能够承受电路中交流电负半周的反向电压，就能长期正常工作，否则就会被击穿。整流二极管被反向电压击穿后，就会损坏。不同型号的二极管的最高反向工作电压 U_{RM} 的值是不同的。如表 1-1 所示为部分常用整流二极管的主要参数，如表 1-2 所示为常见国外稳压二极管主要参数及国产型号代换表。

2）稳压二极管的主要参数

①稳定电压 U_Z。

当稳压二极管被击穿时，二极管上保持的反向电压值称为稳压二极管的稳定电压。

②稳定电流 I_Z。

稳压二极管在正常工作状态下能承受的反向击穿电流称为稳压电流。

③最大工作电流 I_{ZM}。

稳压二极管在正常工作状态下能承受的最大反向击穿电流称为最大工作电流。超出此电流稳压二极管就会损坏。

④允许耗散功率 P。

允许耗散功率约等于稳定电流与稳定电压的乘积，即 $P \approx I_Z \times U_Z$。在选择稳压二极管时，允许耗散功率可由此式估算。

表 1-1　部分常用硅整流二极管主要参数

参数名称	正向电流/A·	反向电流/μA	最高反向工作电压/V	正向电压/V		参数名称	正向电流/A	反向电流/μA	最高反向工作电压/V	正向电压/V
参数符号	I_{DM}	I_R	U_{RM}	U_D		参数符号	I_{DM}	I_R	U_{RM}	U_D
型号 1N4001	1	5	50	0.7	型号	PS2010	2	15	1000	1.2
1N4002	1	5	100	0.7		1N5400	3	5	50	1
1N4003	1	5	200	0.7		1N5401	3	5	100	1
1N4004	1	5	400	0.7		1N5402	3	5	200	1
1N4005	1	5	600	0.7		1N5403	3	5	300	1
1N4006	1	5	800	0.7		1N5404	3	5	400	1
1N4007	1	5	1000	0.7		1N5405	3	5	500	1
P600A	6	25	50	0.7		1N5406	3	5	600	1
P600B	6	25	100	0.7		1N5407	3	5	800	1
P600D	6	25	200	0.7		1N5408	3	5	1000	1
P600G	6	25	400	0.7		1N5391	1.5	10	50	1.4
P600J	6	25	600	0.7		1N5392	1.5	10	100	1.4
P600K	6	25	800	0.7		1N5393	1.5	10	200	1.4
P600L	6	25	1000	0.7		1N5394	1.5	10	300	1.4
PS200	2	15	50	1.2		1N5395	1.5	10	400	1.4
PS201	2	15	100	1.2		1N5396	1.5	10	500	1.4
PS202	2	15	200	1.2		1N5397	1.5	10	600	1.4
PS204	2	15	400	1.2		1N5398	1.5	10	800	1.4
PS206	2	15	600	1.2		1N5399	1.5	10	1000	1.4
PS208	2	15	800	1.2						

表 1-2　常见国外稳压二极管主要参数及国产型号代换表

国外型号	国产代换型号	稳压值 U_Z/V		测试条件 I_Z/mA	允许功耗 P/mW
		最小值	最大值		
RD0.2（B）E	2CW50	1.88	2.12	20	400
RD6.2（B）E	2CW104	5.8	6.6	20	400

国外型号	国产代换型号	稳压值 U_Z/V			允许功耗
		最小值	最大值	测试条件 I_Z/mA	P/mW
RD7.5E（B）	2CW109	10.4	11.6	10	400
RD24E	2CW116	22.5	24.85	5	400
RD27E	2CW17	24.26	27.64	5	400
05Z5.1Y	2CW103	5	5.2	5	500
05Z5.6Z	2CW103	5.8	6	5	500
05Z6.2Y	2CW104	6	6.3	5	500
05Z7.5Y.Z	2CW105	7.34	7.7	5	500
O5Y9.1Y	2CW107	8.9	9.3	5	500
05Z12Z	2CW110	12.12	12.6	5	500
05Z13X	2CW110	12.4	13.1	5	500
05Z13Z	2CW111	13.5	14.1	5	500
05Z15Y	2CW112	14.4	15.15	5	500
HZ18Y	2CW113	17.55	18.45	5	500
HZ6（A）	2CW103	5.2	5.7	5	500
HZ7（A）	2CW105	6.3	6.9	5	500
HZ7（B）	2CW105	6.7	7.2	5	500
HZ11	2CW109	9.5	11.5	5	500
HZ12	2CW111	11.6	14.3	5	500
EOA02－11B	2CW109	11.13	11.71	5	500
EOA02－12E	2CW110	11.2	13.1	15	500
MA1130	2CW111	12.4	14.1	15	500
QA106SB	2CW104	5.88	6.12	15	500
HZ27－04	2CW101	27.2	28.6	0.1	500
RD2.7E	2CW101	2.5	2.9	5	500

6. 二极管的常见故障

（1）击穿故障，即二极管短路。常表现为正反向电阻都为 0，此时二极管失去了单向导电能力。二极管击穿一般是因为二极管承受的反向电压超过 U_{RM}。

（2）开路故障，二极管开路故障的发生原因可归纳为电性能和机械两方面。在电性能方面，开路故障是由于流过二极管的电流过大，导致 PN 结烧断；机械方面，开路故障是由于受潮锈断或机械振动使 PN 结内部与电极断开。二极管出现开路故障后，正反向电阻都为无穷大，可通过测量来辨别。

（3）二极管变质故障，是一种介于短路与开路之间的情形。这种故障多表现在正反向电阻的阻值上，即二极管的正向电阻过大，而反向电阻偏小，失去了单向导电作用，不能继续使用，必须更换。

7. 二极管的判别

二极管具有动态电阻特性，正向导通时电阻很小，反向截止时电阻很大。根据这一特点，可以用万用表测量二极管正、反向电阻值，然后以此为依据判别二极管好坏。具体测量方法如图 1-6 所示。

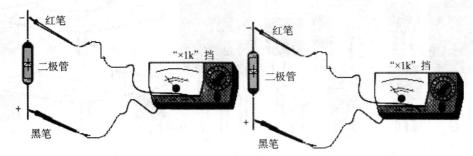

图 1-6 二极管正反向电阻的检测

对几只不同型号的二极管分别测量其正、反向电阻，以便熟练掌握测量操作，并熟悉各种二极管正、反向电阻的特点。

通过对二极管正、反向电阻的测量，可知正常的硅二极管的正向电阻约为 5 kΩ，反向电阻为无穷大。这一突出特点，是用万用表判别二极管好坏的依据。

【提示】锗材料二极管如 2AP9、2AP30、2AN1 等，其正向电阻正常值约为 1 kΩ，反向电阻正常值约为 500 kΩ。

要指出，测量时所用万用表不同，测出二极管正反向电阻值也不同；测量时万用表的倍率挡不同，测出的结果也不一样。一般来讲，无论何种型号或材料的二极管，其正向电阻越小，同时反向电阻越大，其质量就越好。这是通过正、反向电阻判断二极管好坏的依据。

任务二　测试三极管

【任务目标】

（1）了解三极管的工作状态；

（2）熟悉三极管工作状态的判断方法；

（3）了解三极管的工作参数；

（4）理解三极管的电流放电作用；

（5）熟悉大功率三极管的特点及选用原则。

三极管的核心是两个互相连接的 PN 结，其性能与只有一个 PN 结的二极管相比有着本质的区别——三极管具有电流放大作用。下面介绍三极管的外观及图形符号、基本特性、主要参数和判断三极管电极与好坏的方法。

1. 三极管外观及图形符号

1）三极管的实物

如图 1-7 所示为几种不同种类的三极管。虽然它们形状各异，但有一个共同特点，即都有 3 个电极，分别叫作发射极（e）、基极（b）和集电极（c）。

图中三极管的外封装都标有三极管的型号。凡型号第一个字母为 3 的，是中国生产的，3 表示有三个电极；凡型号第一个字母为 2 的，是国外生产的，2 表示有两个 PN 结；它们的电极分布也不尽相同。

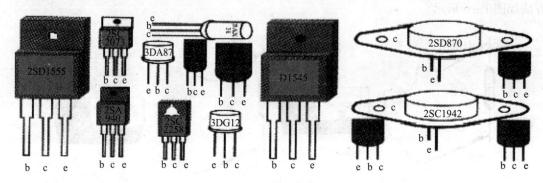

图 1-7　晶体三极管实物

2）电路中三极管的图形符号

电路中三极管的图形符号如图 1-8 所示，其中 3 根引出的短线分别表示 3 个电极（e、b、c），三极管由两个 PN 结构成，发射极与基极之间的 PN 结叫发射结，集电极与基极之间的 PN 结叫集电结。图形符号中，箭头所指的方向即表示发射结的方向，也表示了晶体管工作时电流的方向。可以看出，PNP 管的发射结方向是由发射极指向基极；NPN 管的发射结方向是由基极指向发射极。PNP 管工作时，电流由发射极流入晶体管，NPN 管工作时，电流由发射极流出晶体管。

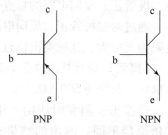

图 1-8　三极管图形符号

2. 三极管的基本特性

晶体三极管有两种导电类型（载流子为空穴和电子），即 PNP 导电类型（称为 PNP 管）和 NPN 导电类型（称为 NPN 管）。下面分别研究两种导电类型三极管的基本特性。

1）测量 NPN 管各极电流

如图 1-9 所示的电路，电路中所用元器件为：小功率管（NPN）S9013 一只；半可调电阻 100 kΩ 一只；直流电源 3 V、12 V 各一台；电阻 1 kΩ 一只；高精度数字电流表（表 1）一台；一般精度数字电流表（表 2、表 3）各一台。按如图 1-9 所示连接电路。

电路连接正确后，即可开始测量。首先调节可调电阻，使表 1 的读数为 10 μA，即基极电流；然后读取表 2 电流值，即集电极电流；再读取表 3 电流值，即发射极电流。将上面测得的数据，按顺序记录在表 1-3 中。按照同样的方法，再测量下一次数据，共测量出 4 组数据，全部记录于表 1-3 中。

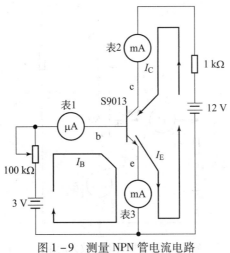

图 1 - 9　测量 NPN 管电流电路

表 1 - 3　NPN 管 S9013 的导通电流测量数据

电流表	各极电流	第 1 次测量	第 2 次测量	第 3 次测量	第 4 次测量
表 1	$I_B/\mu A$	10	20	30	40
表 2	I_C/mA	1	2	3	4
表 3	I_E/mA	1.01	2.02	3.03	4.04

从表中列举的数据可以总结出以下几点。

（1）集电极电流从 12 V 电源正极流出，经 1 kΩ 电阻流入晶体管集电极；基极电流从 3 V电源正极流入晶体管基极；两支电流汇合，从发射极流出，流回电源负极。

（2）3 支电流的关系应为

$$I_E = I_C + I_B$$

（3）从实验数据可以看出集电极电流、发射极电流都随着基极电流微小的变化而产生较大的变化。这说明基极电流对集电极电流有控制作用，可以把这种控制作用理解为电流放大，其关系用公式表示为

$$I_C = \beta I_B$$

式中，β 称为共发射极电流放大系数。

【结论】 晶体三极管具有电流放大作用。

2）晶体三极管电流放大条件

通过上面的测量，可知三极管具有电流放大作用。通过对如图 1 - 10 所示电路分析，可以总结出三极管电流放大的条件。

①NPN 管的偏置电压。

在晶体管放大电路中，加在晶体管上的直流电压称为偏置电压。对于二极管，当所加电压的方向与 PN 结的方向一致时，PN 结正偏；当所加电压方向与 PN 结的方向相反时，PN结反偏。对于 NPN 管，当集电极电位 U_C 高于基极电位 U_B 时，集电结所加电压的方向与集电结的方向相反，集电结反偏；当基极电位 U_B 高于发射极电位 U_E 时，发射结所加电压的方向与发射结方向一致，发射结正偏。

②晶体管电流放大条件。

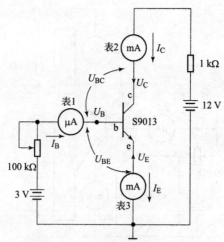

图 1 – 10   三极管电流放大的条件

在如图 1 – 10 所示电路中 U_C 大于 U_B，集电结反偏；U_B 大于 U_E，发射结正偏，电路处于电流放大状态，所以三极管在电流放大状态的条件是，集电结反偏即 $U_{BC} < 0$、发射结正偏即 $U_{BE} > 0$。当检测电路中 NPN 管是否处于电流放大状态时，可按 $U_C > U_B > U_E$ 这一条件来判断。

PNP 管电流放大条件与 NPN 管相同，为集电结反偏即 $U_{BC} < 0$、发射结正偏即 $U_{BE} > 0$。

3）三极管的伏安特性

三极管的伏安特性能全面反映各极电位与电流之间的关系，是三极管内部性能在外部的体现，可用曲线来表达。

①三极管的输入特性。

在三极管输入回路中，如果输入电压 U_{BE} 有微小的变化，就会引起输入电流 I_B 发生较大的变化。这反映了 U_{BE} 与 I_B 的关系，这种关系就是三极管的输入特性。

如图 1 – 11 所示是测量三极管输入特性的电路，电路中集电极回路串联一毫安表，基极回路串联一微安表，电压表分别测量 U_{BE} 和 U_{CE}。按图连接电路，按表 1 – 4 中的要求测量，即可得到三极管 3DG4 的输入特性数据。

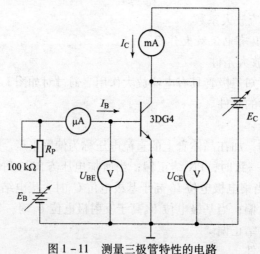

图 1 – 11   测量三极管特性的电路

调节 E_C，使 $U_{CE} = 2\ \mathrm{V}$，调节 E_B 使 U_{BE} 与表 1 – 4 各数据对应，读出基极电流，填入表中。

表 1 – 4 当 $U_{CE} = 2\ \mathrm{V}$ 时，3DG4 的输入特性数据测量

U_{BE}/V	0	0.60	0.64	0.68	0.70	0.71	0.72	0.73
$I_B/\mu\mathrm{A}$	0	2	5	10	20	30	40	60

以表 1 – 4 中 U_{BE} 与 I_B 对应数据为坐标点，将坐标系中的各个对应点连成一条曲线，此曲线就是 3DG4 在 $U_{CE} = 2\ \mathrm{V}$ 时的输入特性曲线，如图 1 – 12 所示。

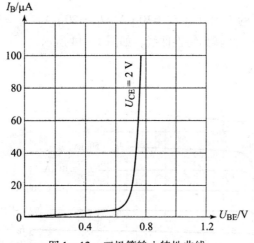

图 1 – 12 三极管输入特性曲线

输入特性曲线表明，当 U_{CE} 超过一定的数值（如 1 V）后，只要 U_{BE} 保持不变，当 U_{CE} 增加时，I_B 不会有明显变化。因此在一般的《晶体管应用手册》中，只画出 $U_{CE} = 2\ \mathrm{V}$ 的那一条输入特性曲线。从曲线中可以看出，随着输入电压的增加，在 U_{CE} 达到 0.7 V 后，其变化很小，但 I_B 却直线上升。

②三极管的输出特性。

三极管的输出特性是指在 I_B 一定的条件下，U_{CE} 与 I_C 的关系。表示这种关系的曲线称为三极管输出特性曲线，能反映三极管完整的输出特性。

以如图 1 – 11 所示电路为例，测量三极管的输出特性。

（1）调节 E_B，使基极电流 $I_B = 50\ \mu\mathrm{A}$，调节 E_C，分别取 10 组 U_{CE} 与 I_C 的对应值。将所取的各组的 U_{CE} 与 I_C 值填入表 1 – 5 中，并在坐标纸上用描点法画出三极管的一条输出曲线，如图 1 – 13 所示。

表 1 – 5 三极管输出特性曲线的测量数据（$I_B = 50\ \mu\mathrm{A}$）

U_{CE}/V	0.2	0.4	0.6	0.8	1.0	1.2	2.0	4.0	5.0	12
I_C/mA	1.2	2.4	3.6	4.5	4.6	4.8	4.82	4.9	4.92	5.0

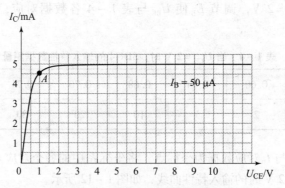

图 1 – 13　三极管的一条输出特性曲线

再用上述方法取不同的 I_B 值（如 $I_{B_1} = 10\ \mu A$、$I_{B_2} = 20\ \mu A$、$I_{B_3} = 30\ \mu A$、…、$I_{B_6} = 60\ \mu A$），重复上述测量，即可得到一簇输出特性曲线，如图 1 – 14 所示。

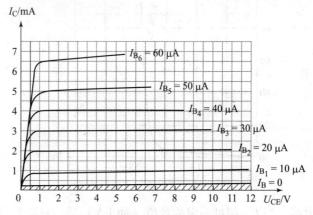

图 1 – 14　三极管输出特性曲线

当 U_{CE} 从 0 开始增大时，I_C 随 U_{CE} 的增大而迅速增加；当 $U_{CE} > U_{BE}$ 以后，输出特性曲线基本与 U_{CE} 轴平行，I_C 不再随 U_{CE} 的增大而增大，基本为一个恒定数值。这是因为当 $U_{CE} > U_{BE}$ 以后，集电结已经反偏，三极管进入放大状态，三极管各极电流分配关系已经确定，I_C 只受 I_B 控制。在 I_B 保持不变的情况下，输出特性曲线基本与 U_{CE} 轴平行。

4）三极管的 3 个工作区

（1）截止区，$I_B \leqslant 0$ 的区域称为截止区，如图 1 – 13 中阴影部分所示。

（2）饱和区，如图 1 – 13 中 A 点左边所示区域称为饱和区。在饱和区，$U_{CE} < U_{BE}$，三极管的两个 PN 结都正偏，U_{CE} 升高，I_C 随之升高，而当 I_B 变化时，I_C 基本不变，所以在饱和区，三极管失去了电流放大作用。

（3）放大区，由各条输出曲线的平直部分组成的区域，称为放大区。在放大区，三极管处于发射结正偏、集电结反偏的放大状态，I_C 与 U_{CE} 基本无关，即当 U_{CE} 变化时，I_C 基本不变。I_C 只受控于 I_B，当 I_B 发生微小变化时，I_C 就有 β 倍的变化与之对应，即 $\Delta I_C = \Delta \beta I_B$。这充分体现了三极管的电流放大作用。

3. 三极管的主要参数

1）放大参数

共射极直流电流放大系数 $\bar{\beta}$（$\bar{\beta} \approx \beta$，$\beta$ 为共射极交流放大倍数，这里不做区分）。

$$\beta \approx I_C / I_B$$

2）集电极 – 基极反向击穿电压 $U_{(BR)CBO}$

当发射极开路时，集电结所能承受的最高反向电压。

3）集电极 – 发射极反向击穿电压 $U_{(BR)CEO}$

当基极开路时，集电极与发射极之间所能承受的最高反向电压。

4）集电极最大电流 I_{CM}

当三极管的 β 下降到最大值的 0.5 倍时所对应的集电极电流。

5）集电极允许最大耗散功率 P_{CM}

集电极允许最大耗散功率 P_{CM} 是根据三极管允许的最高温度，定出集电极允许的最大耗散功率。集电极功率损耗 P_C 是指集电极 – 发射极电压 U_{CE} 与集电极电流 I_C 的乘积，即 $P_C = U_{CE}I_C$。使用中 $U_{CE}I_C < P_{CM}$。

4. 用万用表判别晶体三极管的电极

取一只三极管，三极管的正面朝向操作者，即与操作者面对面。因电极分布未知，所以先规定从左边起按顺序排列分别为 1、2、3 脚。万用表置欧姆挡"×1 kΩ"量程，下列图中指针发生偏转，即为 PN 结导通。

（1）首先判别基极，并确定三极管的导电类型，按如图 1 – 15 所示测量。

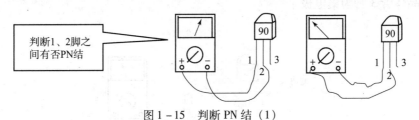

图 1 – 15　判断 PN 结（1）

检测结果为 1、2 脚之间有一个 PN 结。再接如图 1 – 16 所示测量。

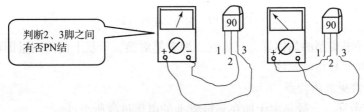

图 1 – 16　判断 PN 结（2）

检测结果为 2、3 脚之间有一个 PN 结。再按如图 1 – 17 所示测量。

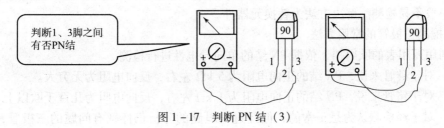

图 1 – 17　判断 PN 结（3）

检测结果为 1、3 脚之间没有 PN 结。

对于上面 3 组测量，有两次阻值较小。在这两次阻值较小的测量过程中，如果是黑表笔没有移动，只是红表笔换了位置，则表明该晶体管为 NPN 导电类型，黑表笔所接的引脚是基极；如果是红表笔没有移动，只是黑表笔换了位置，则表明该晶体管为 PNP 导电类型，且红表笔所接的引脚是基极。

（2）判别集电极（此时已经确认了基极和三极管的导电类型）。假定未知的两脚中任一脚为集电极，对于 NPN 导电类型的晶体管，按如图 1-18 所示连接。

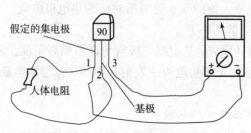

图 1-18　判别集电极（1）

记下表针摆动到达的位置。再假定另一脚为集电极，按如图 1-19 所示进行连接，记下表针摆动到达的位置。在两次测量中，指针摆动幅度较大的一次的假定是正确的。如图 1-19 所示，晶体管 3 脚为集电极。

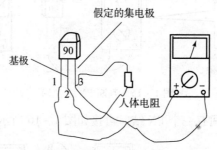

图 1-19　判断集电极（2）

对于 PNP 导电类型的晶体管，只需红、黑表笔对换，重复上面的测量即可。

5．判断三极管好坏的方法

1）三极管常见故障特点

（1）PN 结击穿，一般是由于加在三极管上的电压过高所至；

（2）PN 结熔断，一般是由于通过三极管的电流过大所致；

（3）变质故障，此种故障原因比较复杂，故障严重的可以通过万用表检测出来，故障较轻的一般不易检测。解决方法为替换元器件。

2）检测三极管的常用方法

可利用万用表的欧姆挡，依据 PN 结的单向导电性进行检测。

（1）对于硅管来说，PN 结的正向电阻为 5 kΩ 左右，反向电阻为无穷大。

（2）对于锗管来说，PN 结的正向电阻为 1 kΩ 左右，反向电阻为几百千欧以上。

（3）对于经检测认为是正常的，但经过对电路的分析仍怀疑有问题的三极管，这时可用替换元器件的方法进行检测。

（4）对电路中所用的参数要求较高的三极管，要用专业的晶体管测试仪或晶体管特性图示器测量。

如表 1-6 所示为常用晶体三极管参数。

表 1-6 常用晶体三极管参数

型号	材料	I_{CM} /A	P_{CM} /W	$U_{(BR)CEO}$ /V	型号	材料	I_{CM} /A	P_{CM} /W	$U_{(BR)CEO}$ /V
S8050	Si NPN	1.5	1	25	S9013	Si NPN	0.5	0.6	50
S8550	Si PNP	1.5	1	25	S9014	Si NPN	0.1	0.4	50
2SC1815	Si NPN	0.15	0.4	60	S9015	Si NPN	0.1	0.4	50
2SD682	Si NPN	10	110	120	S9018	Si NPN	0.05	0.4	50
2SC945	Si NPN	0.2	0.625	40	TIP41C	Si NPN	6	65	100
S9011	Si NPN	0.03	0.4	50	TIP42C	Si PNP	6	65	100
S9012	Si PNP	0.5	0.6	50	2N2222	Si NPN	0.8	0.5	60

任务三 制作整流电路

【任务目标】

（1）熟悉单向半波整流电路的工作原理；

（2）理解单向全波整流电路的工作原理；

（3）掌握整流电路输出与输入电压的计算方法。

一、单向半波整流电路

如图 1-20 所示的电路是电阻负载的单相半波整流电路。图中 T 为电源变压器，D 为整流二极管，R_L 是负载。在变压器次级电压 u_2 的正半周期间（假设如图 1-21 所示波形中为上正下负）二极管正偏导通，电流经过二极管流向负载，在 R_L 上得到一个极性为上正下负的电压；而在 u_2 的负半周期间，二极管反偏截止，电流基本为零，所以负载电阻 R_L 两端得到的电压极性是单方向的，即为直流。

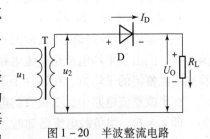

图 1-20 半波整流电路

正半周时，二极管导通，流过二极管的电流 I_D 和流过负载的电流 I_O 是相等的，即 $I_O = I_D$。负半周时，二极管截止，因此流过二极管的电流和流过负载的电流为零，负载电阻上没有输出电压。此时二极管承受一个反向电压，其所承受反向电压的最大值就是变压器次级电压最大值 U_P，综上所述，整流电路中各处的波形如图 1-21 所示。由图可知，由于二极管的单向导电作用，使变压器次级的交流电压变换成为负载两端的单向脉动电压，达到了整流的目的。因为这种电路只在交流电的半个周期内才有电流流过负载，所以称为单相半波整流电路。

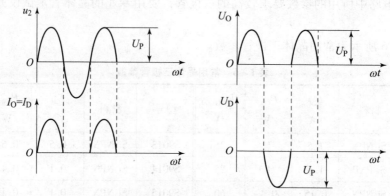

图 1-21　半波整流波形

在分析整流电路的性能时，主要考虑以下几项工作参数，即输出直流电压 U_O、整流输出电压脉动系数、整流二极管正向平均电流 I_D 和最大反向峰值电压 U_{RM}（$U_{RM} = U_P$）。前两项参数体现了整流电路的质量，后两项参数体现了整流电路对二极管的要求，可以根据后面两项参数来选择适当的元器件。

1. 输出直流电压 U_O

根据数学计算，单相半波整流电路输出直流电压与变压器次级交流电压可用下面的关系表示。

$$U_O = 0.45 U_2$$

其中，U_2 为次级电压的 u_2 的有效值。上式说明，经半波整流后，负载上得到的直流电压只有次级电压有效值的 45%。如果考虑整流管的正向内阻和变压器内阻上的压降，则 U_O 数值更低。

2. 脉动系数

经数学计算，单相半波整流电路输出电压的脉动系数 $S = 1.57$，说明脉动成分很大。

3. 二极管正向平均电流 I_D

温升是决定半导体使用极限的一个重要指标，整流二极管的温升与通过二极管的平均电流有关，但由于平均电流是整流电路的主要工作参数，在出厂时已经将二极管的允许温升折算成半波整流的平均值，在器件手册中给出。

在半波整流电路中，二极管的电流任何时候都等于输出电流，所以二者的平均电流也相等，即 $I_D = I_O$。当负载电流已知时，可以根据所要求的 I_O 来选定二极管的 I_D。

4. 二极管最大反向峰值电压 U_{RM}

每只整流管的最大反向峰值电压 U_{RM} 是指当整流管不导电时，在其两端出现的最大反向电压。选管时应选比这个数值高的整流管，以免整流管被击穿。由图 1-20 很容易看出，整流二极管承受的最大反向峰值电压就是变压器次级电压的最大值，即 $U_{RM} = U_P$。

二、单相全波（桥式）整流电路

如图 1-22 所示为桥式整流电路常采用的 3 种画法，电路中采用了 4 只二极管，互相接成桥式故称桥式整流电路。

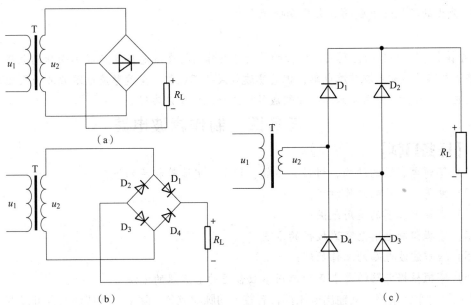

图 1-22　桥式整流电路及 3 种常用的画法

整流过程中，4 只二极管两两轮流导电，因此正负半周内都有电流流过 R_L，从而使输出电压的直流成分提高、脉动系数降低。在 u_2 的正半周（假定为上正下负），D_1、D_3 导通，D_2、D_4 截止；在 u_2 的负半周，D_2、D_4 导通，D_1、D_3 截止。无论在正半周或负半周，流过 R_L 的电流方向是一致的。桥式整流电路的波形如图 1-23 所示。

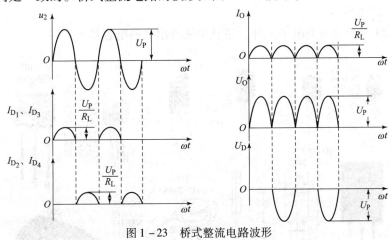

图 1-23　桥式整流电路波形

1. 桥式整流电路的输出电压 U_0

$$U_0 = 0.9U_2$$

电路输出的直流电压提高了一倍。

2. 脉动系数 S

$$S = 0.67$$

与半波整流电路相比，脉动系数降低了很多。

3. 流过二极管的平均电流 I_D

$$I_D = \frac{1}{2} I_0$$

4. 截止的二极管承受的最大反向峰值电压 U_{RM}

$$U_{RM} = U_P$$

【结论】整流的目的是利用二极管的单向导电作用将交流电压变换成单向脉动电压，最简单的整流电路是单相半波整流电路，但其滤波效果并不理想。全波整流电路滤波效果比单相半波整流电路要好，可以由 4 只二极管组成的桥式整流电路来实现。

任务四 制作滤波电路

【任务目标】

（1）了解电容器的结构、材料、参数、种类、用途等相关知识；

（2）熟悉电容器的工作方式；

（3）掌握电容器的适用范围；

（4）掌握识别电解电容器极性的方法；

（5）理解滤波电路的工作原理；

（6）掌握根据电路的要求正确选用参数合适的电容器的方法。

无论哪种整流电路，其输出电压都含有较大的脉动成分。除了一些特殊场合可以直接用作电源外，通常都需要采取一定的措施尽量降低输出电压中的脉动成分，同时又要尽量保留其中的直流成分，使输出电压接近于理想的直流电压，这种措施称为滤波。电容和电感都是基本的滤波元件。

一、电解电容器的基本知识

1. 识别电解电容器

如图 1-24 所示为各类电子元件，请从中挑选出电解电容器。

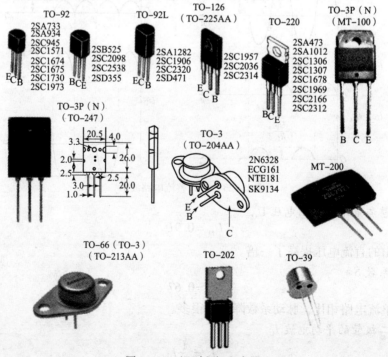

图 1-24 识别电解电容器

2. 电解电容器常识

电解电容器由极板和绝缘介质构成。极板具有极性，一个极板为正极，另一个极板为负极，介质材料是很薄的金属氧化膜。因为极板与介质都浸润电解液，所以电解电容器两个电极有正负之分。电解电容器可按极板材料来分类，其中用铝膜做极板的电容器称为铝电解电容器，还有钽电解电容器和铌电解电容器，下面介绍最常用的铝电解电容器。

1）国产铝电解电容器的标记

如图1-25所示为国产天乐牌铝电解电容器，C表示电容器，D表示电解质，220 μF表示电容量，25 V表示额定最高工作电压，短脚为负极，长脚为正极。另有"CD11"标记，前面的1表示薄式，后面的1为厂家产品系列序号。85 ℃为最高温度，电容器工作时不能超过此温度。

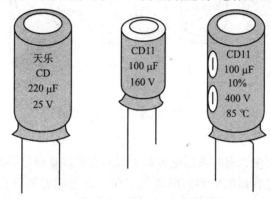

图1-25 铝电解电容器

2）铝电解电容器的特点

铝电解电容器的突出特点是有正、负极之分。在应用时，一定要保证电解电容器正极电位高于负极电位。如果反接，则铝氧化膜会表现为导体的特性，不具有绝缘性能，反而导通较大电流，导致电容器热膨胀甚至爆炸，在应用时要千万注意这一点。

常用电解电容器容量范围一般为几百纳法至几千微法，甚至更大。耐压规格有6.3 V、10 V、16 V、25 V、35 V、50 V、160 V、250 V、450 V等。

3. 电容器的特性

（1）电容器的充放电特性。当有电压加在电容器两端时，电容器将被充电，随着充电时间的延长，电容器两端电压升高，存储的电能增加；当电容器两端接有负载电阻时，电容器将向电阻供电（通过电阻放电），随着放电时间的延长，电容器两端电压下降。一般电路中使用电容器，就是要利用电容器的充放电特性。

（2）电容器还具有隔直流、通交流的作用，这里暂不做介绍，将在后面的应用中学习。

4. 电解电容器的电路图形符号

电解电容器的电路图形符号如图1-26所示。

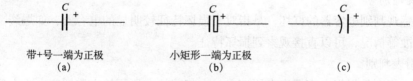

图1-26 电解电容器的电路图形符号

（a）新的画法；（b）传统画法；（c）国外画法

5. 电解电容器的串、并联应用

1）电容器的并联

在电解电容器的应用中，有时采用并联的方法以取得合适的电容量，电容器并联的总电容值等于各个电容器的电容值之和，耐压值取决于较低的额定电压值，电容器的并联应用如图1-27所示。

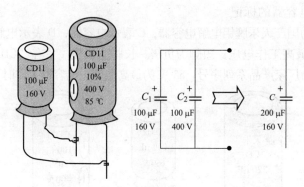

图1-27 电容器的并联应用

2）电容器的串联

在电解电容器的应用中，有时采用电容器串联的方法以获得足够耐压，电容器串联的总电容值的倒数等于各个电容器的电容值的倒数之和（跟电阻并联计算方法一样，如果两只电容器电容值相等，则总电容值为每个电容值的一半），两只电容器串联后总电容值减少了，加在每只电容器上的电压与电容器的电容值成反比，即电容值大的电容器的两端电压低，电容值低的两端电压高。为了使用方便，建议选用两只电容值相等、耐压相同的电容器串联使用。电容器的串联应用如图1-28所示。

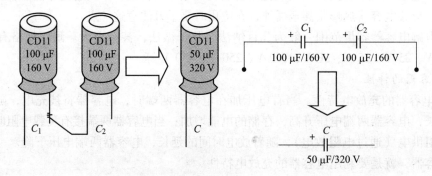

图1-28 电解电容器的串联应用

6. 判别电解电容器质量的粗略方法

1）感观判别

从外部感观判别电容器的好坏，是指对于损坏特征较明显的电容器，如爆裂、电解质渗出、引脚锈蚀等情况，可以直接观察到损坏特征。

2）万用表判别

用电阻表判别是根据电容器充电原理——在相同的电压下给电容器充电，电容值大的起始充电电流大，电容值小的起始充电电流小。从而通过观察万用表的欧姆挡的指针偏转角度大小，判别起始充电电流的大小，进而判别出电容器电容值大小，如图 1 - 29 所示。

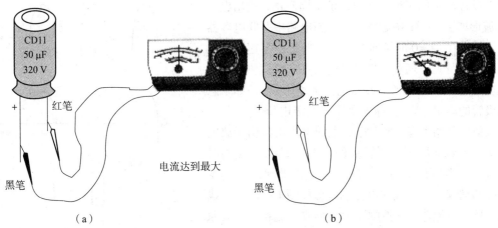

图 1 - 29　万用表判别电容器的容量

(a) 起始充电；(b) 充电电流不断减小

判别方法为，取一只新的电解电容器，应与待检电容器规格相同，用这只新的电容器作为基准。将万用表欧姆挡置于"×100 Ω"（或"×1 kΩ"，视容量大小而定）量程，先将电容放电（无论原来是否处于充电状态），然后黑笔接电容器正极，红笔接电容器负极，可看到指针发生偏转（起始偏转角度最大，随着充电的进行指针回转至无穷大附近，这是充电电流逐渐减小至零的过程），粗略记下指针偏转的最大位置；再将待检电容器放电（检测电容器之前先放电是必须做的动作），然后黑笔接电容器正极，红笔接电容器负极，可看到指针发生偏转。与前一次进行比较，如果偏转最大位置基本一样，说明待检电容器的电容值足够；如果偏转角度小于前一次，则说明待检电容器电容值下降，可考虑更换；如果指针基本不偏转，说明待检电容器电容值为零，应更换相同规格的新的电解电容器。

【注意】给容量较大、电路工作电压较高的电解电容器放电时，尽量避免直接短路放电，因直接短路放电会产生很大的放电电流，产生的热量容易损坏电解电容器的极板和电极。应采用功率较大的电阻器，或借用电烙铁的电源插头（加热芯电阻）对准两引脚使电容放电。

二、电容滤波电路

电容滤波电路如图 1 - 30 所示，在负载电阻 R_L 上并联一只电容器，就构成了电容滤波电路。

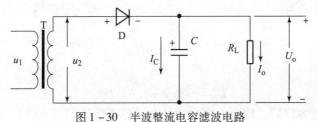

图 1 - 30　半波整流电容滤波电路

【小问答】电容器为什么能起滤波作用？

如图 1-31 所示波形,当电路中没有接通电容时,整流二极管在 u_2 的正半周导通,负半周截止,输出电压 U_0 的波形如图 1-31 中虚线所示。当电路中并联电容器以后,假设在 $\omega t = 0$ 时接通电源,则当 u_2 由零逐渐增大时二极管 D 导通,通过二极管的电流在向负载供电的同时,也向电容 C 充电(电容器电压上正下负),如果忽略二极管的内阻,则 U_C 等于变压器次级电压 u_2。当 u_2 达最大值后开始下降,此时电容上的电压也将由于放电而下降。当 $u_2 < U_C$ 时二极管反偏,于是 U_C 以一定的时间常数按指数规律下降,直到下一个正半周,当 $u_2 > U_C$ 时二极管又导通。输出电压的波形如图 1-31 中实线所示。桥式整流电容滤波的原理与半波整流相同,其原理电路和波形如图 1-32 和图 1-33 所示。

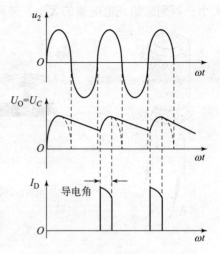

图 1-31　半波整流滤波波形

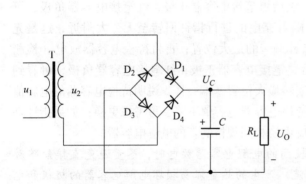

图 1-32　桥式整流滤波电路

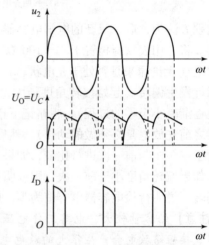

图 1-33　桥式整流滤波电路波形

(1)当电路中加了滤波电容以后,输出电压的直流成分提高了。在半波整流电路中,电路在不接电容时的输出电压只有半个正弦波,负半周时二极管不导通,输出电压为零。并联电容后,即使二极管截止,由于电容器通过 R_L 放电,输出电压也不为零,因此输出电压的平均值提高了。从图中可以看出,无论是半波整流还是桥式整流,当电路中加上滤波电容以后,U_0 波形包围的面积显然比虚线部分的面积大了。

输出电压的关系式为:

半波整流滤波

$$U_0 = 0.9 U_2$$

桥式整流滤波

$$U_0 = (1.2 \sim 1.4) U_2$$

(2)加了滤波电容以后,输出电压中的脉动成分降低了。

(3)电容放电时间常数($\tau = R_L C$)越大,放电过程越慢,则输出电压越高,脉动成分越少,即滤波效果越好。

（4）由于电容滤波电路的输出电压 U_0 随着输出电流 I_0 变化，所以电容滤波适用于负载电流变化不大的场合。

（5）电容滤波电路中整流二极管的导通时间缩短了。整流管在短暂的导通时间内流过一个很大的冲击电流，对整流管寿命不利，所以必须选择 I_{DM} 大于负载电流的二极管。

为了得到比较好的滤波效果，在实际工作中经常根据下式来选择滤波电容器的电容值（在全波或桥式整流情况下）

$$R_L C = （3 \sim 5） \frac{T}{2}$$

即

$$C = （3 \sim 5） \frac{T}{2R_L}$$

其中，T 为电网交流周期。由于电容值比较大，为几十至几千微法，因此一般选用电解电容器。当在电路中接入电容器时，应注意电容的极性不要接反，电容器的耐压应该大于 U_P。

【附】介绍一种有源滤波（采用晶体管滤波）电路，如图 1-34 所示。其特点是利用晶体管的电流放大作用，把通过发射极的负载电流减小（$\beta+1$）倍以后在基极回路加以滤波，这时偏流电阻 R_b 比较大，和 C_1 组成的时间常数 $R_b C_1$ 很大，使三极管的基极纹波极小（仅几毫伏），则发射极纹波也很小。若将有源滤波折合到发射极，相当于接了一个（$\beta+1$）C_1 的大电容器，因此有很好的滤波效果。

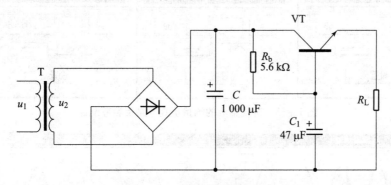

图 1-34　晶体管有源滤波器

实训

桥式整流电容滤波电路的仿真

1. 实训目的

（1）熟练使用电路仿真软件对低频电路进行仿真；

（2）了解桥式整流电路的电路结构及工作原理；

（3）了解桥式整流电容滤波电路的结构及工作原理；

（4）了解负载电阻的变化对输出电压的影响。

2. 实训步骤

（1）在 Multisim 软件环境中绘制出桥式全波整流仿真电路，不加滤波电容，电路如图 1-35 所示，注意元器件标号和各个元器件参数的设置。

（2）双击如图 1-35 所示电路中的示波器 XSC1 图标，按如图 1-35 所示进行参数设置，打开仿真开关，观察到如图 1-36 所示的仿真波形并记录数据。

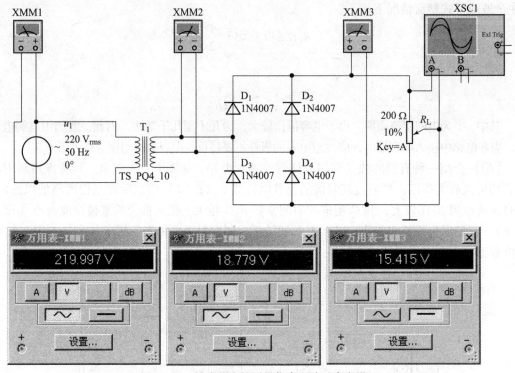

图 1-35　桥式整流的测量仿真电路及参考设置

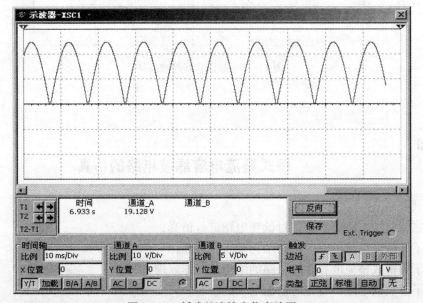

图 1-36　桥式整流输出仿真波形

（3）在 Multisim 软件环境中绘制出如图 1 - 37 所示的仿真电路，注意元器件标号和各个元器件参数的设置。

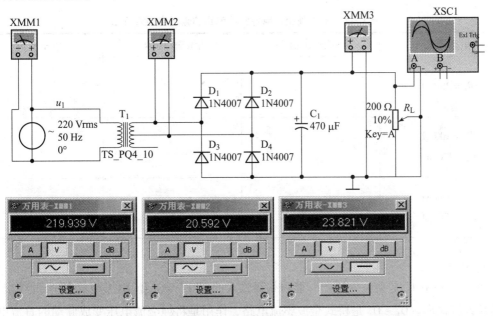

图 1 - 37　桥式整流滤波的测量仿真电路及参数设置

（4）双击如图 1 - 37 所示电路中的示波器 XSC1 图标，按如图 1 - 37 所示进行参数设置，打开仿真开关，就可以观察到如图 1 - 38 所示的仿真波形。

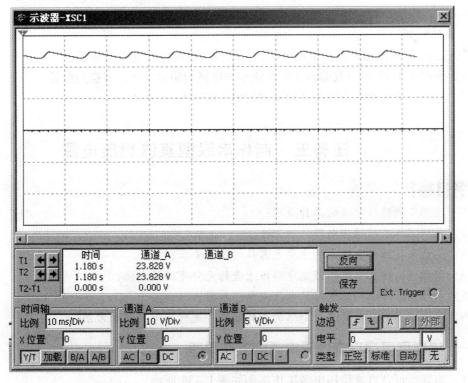

图 1 - 38　桥式整流滤波输出仿真波形

（5）改变桥式整流电容滤波电路中 R_L 的值，使 R_L 为 100 Ω，重复（3）、（4）操作。

（6）将以上 3 次测量出的电路的输出电压数据及输出波形记录在表 1-7 中。

表 1-7 桥式整流、电容滤波电路的输出电压及波形

电路形式	理论输出值 U_o	测量输出值 U_o	输出波形
$R_L = 200$ Ω			
$R_L = 200$ Ω $C_1 = 470$ μF			
$R_L = 100$ Ω $C_1 = 470$ μF			

3. 说明

（1）电路中 T_1 是交流变压器，能将初级输入的 220 V 纯交流电压变成 20 V 的纯交流电压并从次级输出。$D_1 \sim D_4$ 是桥式全波整流电路，作用是将纯交流电压变成脉动的直流电压。电解电容 C_1 是储能元件，和负载电阻 R_L 并联起滤波作用，可以滤去脉动直流电压中的交流成分，使输出电压趋于平滑。

（2）当 $R_L \neq \infty$ 时，由于电容 C 向 R_L 放电，输出电压 U_o 将随之降低。总之，R_L 越小，平均输出电压越低。

4. 实训要求

对照表 1-7 所测结果进行全面分析，总结桥式整流滤波电路的特点。

（1）根据表 1-7 所测数据，计算整流滤波电路的输出电压，并进行分析。

（2）分析讨论实验中电阻的变化对输出电压的影响。

任务五 制作串联型直流稳压电源

【任务目标】

（1）理解串联稳压电路的工作原理；

（2）重点掌握串联稳压电路的检测方法；

（3）熟悉串联稳压电路中的主要元器件的参数要求；

（4）掌握根据仿真电路在万能电路板上进行元件布局的方法；

（5）熟练测量串联稳压电路的电压与电流参数；

（6）掌握根据测量数据分析电路的工作状态并进行故障判断的方法。

一、串联型可调直流稳压电源的工作原理

（1）串联型可调直流稳压电源工作框图如图 1-39 所示。

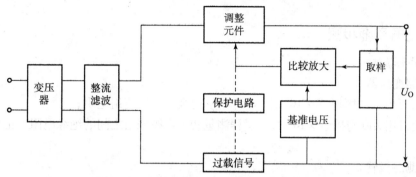

图 1-39 串联型可调式直流稳压电源工作框图

（2）串联型可调直流稳压电源电路如图 1-40 所示。

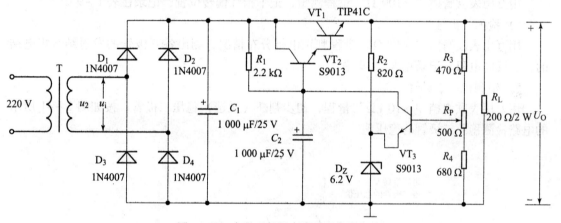

图 1-40 串联型可调直流稳压电源电路

（3）元器件清单见表 1-8。

表 1-8 元器件清单

名称	规格型号	数量/只	名称	规格型号	数量/只	名称	规格型号	数量/只	备注
二极管	1N4007	4	电阻	200 Ω/2 W	1	电阻	680 Ω	1	未标出功率的电阻一律为 1/4 W 或 1/8 W
电解电容	1 000 μF/25 V	1	电阻	2.2 kΩ	1				
电解电容	1 000 μF/25 V	1	电阻	820 Ω	1				
三极管	TIP41C	1	电阻	470 Ω	1				
三极管	S9013	2	稳压二极管	6.2 V/0.5 W	1	电位器	500 Ω	1	
变压器	17 V/30 W								电源变压器实验室里有备，也可自行购置

二、任务实施步骤

1. 检测元器件

1）检测变压器

（1）用万用表欧姆挡"×10 Ω"量程测量初级、次级绕组电阻；

（2）用万用表欧姆挡"×10 kΩ"量程测量初、次级绕组之间的绝缘电阻。记录在表1－9中。

2）检测二极管

用万用表欧姆挡"×1 kΩ"量程测量二极管的正、反向电阻，记录在表1－9中。

3）检测电解电容

用万用表欧姆挡"×100 Ω"量程测量，记下指针偏转位置，记录在表1－9中。

4）检测三极管

用万用表欧姆挡"×1 kΩ"量程判别电极分布情况，测出各三极管的发射结、集电结的正、反向电阻，记录在表1－9中。

5）检测稳压二极管

用万用表欧姆挡"×10 kΩ"量程，初步判断（挑选）稳压二极管；按如图1－41所示的电路检测稳压二极管的稳压值。

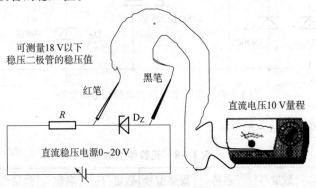

图1－41　测量稳压二极管的稳压值

表1－9　元器件检测记录

变压器	初级线圈电阻_____	次级线圈电阻_____		初、次级线圈间绝缘电阻_____
二极管	1N4007	正向电阻_____		反向电阻_____
电容	1 000 μF	指针偏转最大位置_____（用欧姆挡"×1 kΩ"量程）		指针返回位置_____
	100 μF	指针偏转最大位置_____（用欧姆挡"×1 kΩ"量程）		指针返回位置_____
三极管	TIP41C	发射结正向电阻_____反向电阻_____		集电结正向电阻_____反向电阻_____
	S9013	发射结正向电阻_____反向电阻_____		集电结正向电阻_____反向电阻_____
稳压二极管	6.2 V 稳压管	反向击穿时的等效电阻_____		稳压值_____

2. 检测电路

1）半波整流电容滤波电路

按如图 1 – 30 所示连接电路，其中，$C = 1\,000\ \mu F$、$R_L = 2.2\ k\Omega$。

（1）测量变压器次级电压 u_2 的有效值 U_2，整流滤波输出电压 U_0，记录在表 1 – 10 中。

（2）用示波器观察输入、输出波形。在表 1 – 10 中画出波形。

（3）验算 $U_0 = 0.9U_2$。

2）桥式整流滤波电路

按如图 1 – 32 所示连接电路，其中，$C = 1\,000\ \mu F$、$R_L = 2.2\ k\Omega$；

（1）测量变压器次级电压 u_2 的有效值 U_2，整流滤波输出电压 U_0，记录在表 1 – 10 中。

（2）用示波器观察输入、输出波形，在表 1 – 10 中画出波形。

（3）将 R_L 换成 500 Ω/2 W 电阻，重复（1）、（2）步骤。

（4）验算 $U_0 = 1.2 \sim 1.4U_2$。

表 1 – 10　半波、桥式整流滤波电路测量记录

				波形	
				u_2	U_0
半波整流滤波	$C = 1\,000\ \mu F$ $R_L = 2.2\ k\Omega$	$U_2 = $ ____ V	验算		
		$U_0 = $ ____ V	$U_0 = $ ____ U_2		
桥式整流	$C = 1\,000\ \mu F$ $R_L = 2.2\ k\Omega$	$U_2 = $ ____ V	验算	波形	
		$U_0 = $ ____ V	$U_0 = $ ____ U_2	u_2	U_0
	$C = 1\,000\ \mu F$ $R_L = 500\ \Omega/2\ W$	$U_2 = $ ____ V	验算	波形	
		$U_0 = $ ____ V	$U_0 = $ ____ U_2	u_2	U_0

3. 测量二极管稳压电路

电路如图 1 – 42 所示。

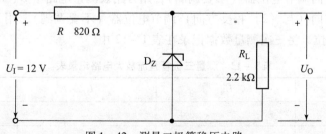

图 1 – 42　测量二极管稳压电路

按如图 1 – 42 所示连接电路，调节直流电源电压（8 ~ 14 V）。

（1）当 $U_I = 8$ V 时用万用表测量电阻 R 两端电压和稳压管两端电压，记录在表 1 –

31

11 中；

（2）当 $U_I = 10$ V 时用万用表测量电阻 R 两端电压和稳压管两端电压，记录在表 1-11 中；

（3）当 $U_I = 12$ V 时用万用表测量电阻 R 两端电压和稳压管两端电压，记录在表 1-11 中。

表 1-11　二极管稳压电路测量记录

输入电压 U_I/ V	限流电阻两端电压 U_R/ V	输出电压 U_O/ V
8		
10		
12		

4. 测量三极管的直流放大电路

三极管直流放大电路如图 1-43 所示，按其连接电路。

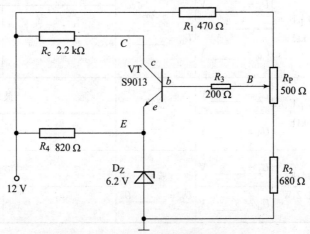

图 1-43　测量三极管直流放大电路

（1）将电位器滑动端置于中间位置，用万用表测量电路中 B、C、E 3 点的电位；

（2）向某一方向调节电位器（不要调满），用万用表测量电路中 B、C、E 3 点的电位；

（3）向另一方向（与（2）相反方向）调节电位器（不要调满），用万用表测量电路中 B、C、E 3 点的电位，将三次测量数据记录在表 1-12 中。

表 1-12　测量三极管直流放大电路记录表

电位器位置	U_B	U_C	U_E
B 点电位升高			
中间位置			
B 点电位降低			

注意：电路中的电位，即电路中某点对地的电压。测量时，黑笔应接参考点，红笔接被测量点。由于电位器调节位置不统一，所以每个人测得的数据也不一样，但电位变化的规律是一致的。

（4）根据测量数据，对照如图 1 - 43 所示电路，分析直流放大电路的工作原理，总结三极管的基极、集电极电位的变化规律。（提示：根据三极管电流放大原理进行分析。）

（5）思考下列问题。

a. 当放大管基极电位升高时，其集电极电位如何变化？请用渐变图来描述。

b. 当放大管基极电位降低时，其集电极电位如何变化？请用渐变图来描述。

c. 电路中哪几只元件构成二极管稳压电路，二极管稳压电路在本电路中起到怎样的作用？

5. 测试复合调整管的电压调整功能

测试电路如图 1 - 44 所示，按图连接电路。从整体看复合管是一只三极管，其三个电极分布如图中虚线框内所示。

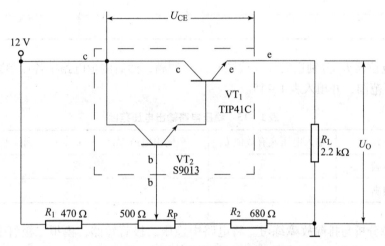

图 1 - 44　测试调整管的电压调整功能

（1）电位器滑动端可在任意位置，通电后用万用表测量复合管基极电位 U_B、集电极 - 发射极间的电压 U_{CE}、R_L 两端电压 U_O，记录在表 1 - 13 中。

（2）调节电位器到另一位置，用万用表测量复合管基极电位 U_B、集电极 - 发射极间的电压 U_{CE}、R_L 两端电压 U_O，记录在表 1 - 13 中。

（3）向与（2）相反的方向调节电位器，用万用表测量复合管基极电位 U_B、集电极 - 发射极间的电压 U_{CE}、R_L 两端电压 U_O，记录在表 1 - 13 中。

表 1 - 13　测试调整管电压调整功能记录　　　　　　　　　　　　　　　　V

电位器位置	U_B	U_{CE}	U_O	备注
初位置				任意位置
某一位置				顺时针调节
另一位置				逆时针调节

6. 组装串联型可调式直流稳压电源

（1）根据稳压电源的基本用途及范围，确定稳压电源的输出电流、输出电压，并作为实验电路，可按如图 1-40 所示连接。

（2）设计元器件布局。在电路板上根据图 1-40 所示焊接电路，要求元器件排布整齐、无错焊及漏焊且焊点可靠。

（3）调试电路，使输出电压在 10~14 V 连续可调，最大输出电流为 1 A。调节 R_P，使输出电压 U_0 为 12 V。

（4）按表 1-14 测量电路并记录数据。

表 1-14　串联型可调直流稳压电源测量记录　　　　　　　　　　　　　V

测量参数	输入电压 u_i 有效值 u_I	输出电压 U_0	调整控制电压 U_{CE}	调整电压 U_C	基准电压 U_E
参数值					
参数含义					
参数之间的联系					

（5）将电位器 R_P 分别逆时针（或顺时针）调满，然后测量电路中各点参数，测量稳压电路输出电压范围，并填入表 1-15。

表 1-15　稳压电路输出电压范围　　　　　　　　　　　　V

电位器位置	输入电压 u_i 有效值 U_i	输出电压 U_0	调整电压 U_{CE}
逆时针调满			
顺时针调满			

（6）故障分析与排除故障练习。将电路中稳压二极管短路，模拟二极管击穿，测量电路输出电压 U_0、输入电压 u_i 有效值 U_i、调整电压 U_{CE}、基准电压 U_E、调整控制电压 U_C。将测量数据填入表 1-16 中并分析描述故障原因。

表 1-16　检测故障测量记录表 1　　　　　　　　　　　V

测量参数	U_i	U_0	U_{CE}	U_C	U_E
参数值					
根据测量数据分析故障原因					

（7）断开稳压电路中的 VT_2 的发射极，模拟 S9013 发射结开路。测量电路输出电压 U_0、输入电压 u_i 有效值 U_i、调整电压 U_{CE}、基准电压 U_E、调整控制电压 U_C。将测量数据填入表 1-17 中并分析描述故障原因。

表 1 – 17 检测故障测量记录表 2   V

测量参数	U_i	U_O	U_{CE}	U_C	U_E
参数值					
根据测量数据分析故障原因					

项目测评

1. 思考

根据测量数据，对照电路图分析直流放大电路的工作原理，总结三极管的基极电位、集电极电位的变化规律（提示：根据三极管电流放大原理进行分析）。

（1）当三极管基极电位升高时，其集电极电位如何变化？请用渐变图来描述。

（2）当三极管基极电位降低时，其集电极电位如何变化？请用渐变图来描述。

（3）电路中哪几只元件构成二极管稳压电路，二极管稳压电路在本电路中起到怎样的作用？

2. 实训报告要求

（1）叙述串联型可调式直流稳压电源电路的工作过程；

（2）测量串联型可调式直流稳压电源并记录测试数据。

3. 撰写实训报告

（1）绘制电路图；

（2）分析电路工作原理；

（3）测量数据；

（4）分析数据。

4. 项目评价

项目考核内容	考核标准	考核等级
装配与焊接工艺	元件布局合理；焊点焊接质量可靠、光滑圆润；焊锡用量适中	
电路分析	掌握并充分理解串联型可调直流稳压电路的工作框图，能熟练地阅读串联型可调直流稳压电路图，并明确工作框图与电路图的对应关系； 能对串联型可调直流稳压电路的工作原理进行分析，并知道电路中各元器件的作用；能对电路进行基本调试和数据测量； 掌握串联型可调直流稳压电路中的主要元器件的参数要求，并能正确选用参数合适的元器件；掌握元器件替换的规则	

续表

项目考核内容	考核标准	考核等级
电路调试与检测	能熟练测量串联型可调直流稳压电路电压与电流值；能熟练调整直流放大电路的工作状态；能根据测量数据分析电路的工作状态并进行故障判断	
功能实现	稳压电源符合电路设计要求，输出电压连续可调，电压符合要求，负载能力满足需要	

实训

串联型可调直流稳压电源电路的仿真与调试

1. 实训目的

（1）熟练使用 Multisim 10 电路仿真软件；

（2）结合仿真测试，掌握串联型可调直流稳压电源电路的调试方法；

（3）分析测量数据，掌握各三极管的工作状态。

2. 实训步骤

（1）在 Multisim 10 软件环境中绘制如图 1-45 所示电路，注意元器件标号和各个元器件参数的设置。

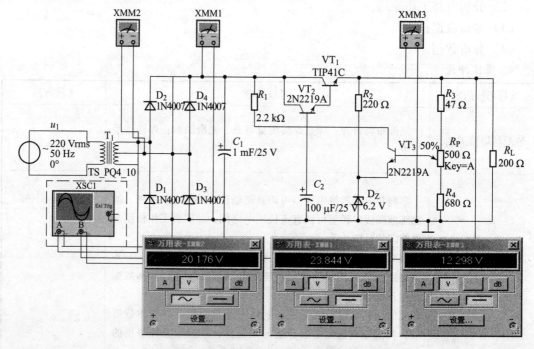

图 1-45 串联型可调直流稳压电源测量仿真电路

（2）双击如图 1-45 所示电路中的示波器 XSC1 图标，进行参数设置，打开仿真开关，观察输入电压波形、整流滤波电压波形、稳压输出电压波形，如图 1-46 所示。

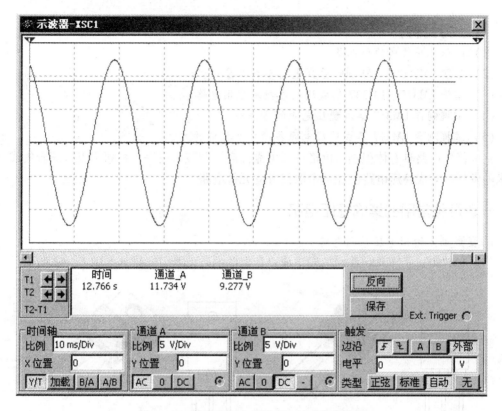

图 1-46 直流稳压电源输入、输出仿真波形

（3）调节 R_P 的大小，打开仿真开关，观察输入电压波形、整流滤波电压波形、稳压输出电压波形。

3. 说明

图中 R_3、R_P、R_4 串联组成取样电路，与负载电阻 R_L 相并联，所以该电阻两端电压的变化情况直接反映了输出电压的变化情况。限流电阻 R_2 和稳压管 D_Z 组成稳压电路的基准电压电路，其作用是为稳压电路提供所需的基准电压。三极管 VT_3、电阻 R_1 和稳压管 D_Z 等器件组成比较放大电路，该电路可将取样电路所采到的电压与基准电压进行比较，并产生与输出电压变化情况成正比的控制信号，控制信号经放大后产生控制电压，控制调整管 VT_1、VT_2 的输出电压，以保证稳压电源输出电压的稳定。三极管 VT_1、VT_2 和负载电阻 R_L 组成调整电路，构成射极输出器。射极输出器是串联电压负反馈电路，因电压反馈可以稳定输出电压，所以稳压电源的输出电压将很稳定。

4. 实训要求

（1）按照以上步骤绘制电路图，并正确设置元器件和仪器仪表的参数；

（2）仿真出正确的波形，并能够理解波形的含义；

（3）在熟悉电路原理的基础上，调节部分元件的值，比较仿真结果；

（4）保存仿真结果，完成实训报告。

任务拓展

三端集成稳压电源的组装与调试

【任务目标】

（1）认识三端集成稳压电路；

（2）了解 LM7800、LM7900 系列电路参数及应用；

（3）掌握 LM317、LM337 集成块的参数及应用电路；

（4）掌握制作 LM317 集成稳压电源的方法；

（5）掌握测量 LM317 集成稳压电源各项技术指标的方法。

集成稳压电路具有体积小、价格低、可靠性高、调整简便等一系列优点，随着集成电路技术的发展，集成稳压电路已经基本取代分立元件电路。

一、几种常用的集成稳压电路

1. 集成固定输出电压系列电路

（1）LM7800、LM7900 系列三端集成稳压电路的外形及引脚排列如图 1-47 所示。

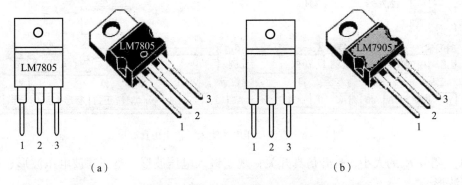

图 1-47　LM7800、LM7900 系列集成稳压电路外形及引脚排列

（a）LM7800 系列；

1—输入端；2—公共端；3—输出端

（b）LM7900 系列

1—公共端；2—输入端；3—输出端

（2）LM7800 系列为正稳压电路，有 +5 ~ +24 V 多种固定电压输出，如 LM7805、06、09、…、24，输出电流为 1 A。还有 78L00 系列（小型），输出电流为 400 mA。LM7900 系列为负稳压电路，有 -24 ~ -5 V 多种固定电压输出，如 LM7905、06、09、…、24，输出电流为 1 A。

LM7800 系列标准固定电压输出电路，其内部主体是串联稳压电路，并接有过流保护电路、安全电压保护电路、过热保护电路，使用安全可靠。常用的 LM7800 固定电压输出电路如图 1-48 所示。

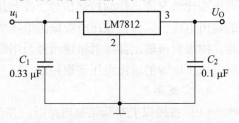

图 1-48　7812 固定标准电压输出电路

（3）输出正、负固定电压的电路如图1-49所示。

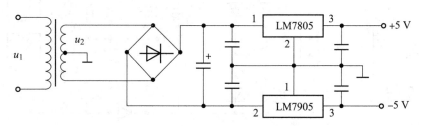

图1-49 固定正、负电压输出电路

2. LM317集成稳压电路

1）LM317外形

LM317外形如图1-50所示。

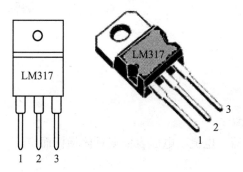

图1-50 LM317外形及引脚排列

1—调整端；2—输出端；3—输入端

2）应用电路

LM317集成稳压电路是近年来应用较多的产品，既保持了三端简单结构，又能实现输出电压的连续可调。最大输入、输出电压差可达30 V，输出电压为1.2~35 V连续可调；输出电流最大为1 A；最小负载电流为5 mA，基准电压为1.2 V。有金属封装和塑封两种，其应用电路如图1-51所示。

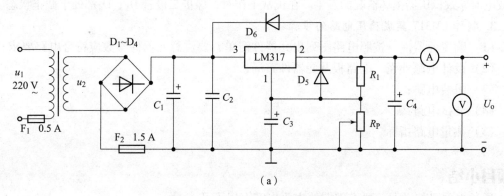

（a）

图1-51 LM317的基本应用电路

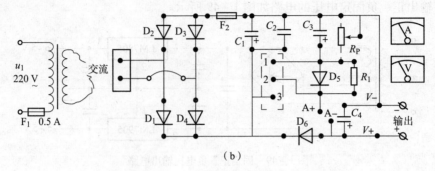

（b）

图 1-51　LM317 的基本应用电路（续）

电路中各元器件参数说明如下：

$C_1 = 3\ 300\ \mu F$；

$C_2 = 0.33\ \mu F$；

$C_3 = 10\ \mu F$；

$C_4 = 47\ \mu F$；

$D_1 \sim D_4$ 为 1N5395；

D_5、D_6 为 1N4001；

$R_1 = 240\ \Omega / 5\ W$；

$R_P = 2.2\ k\Omega$，多圈线绕；

电解电容耐压及变压器、电流、电压表根据具体指标而定。

3）工作原理

220 V 交流电压经变压器降压后，由二极管 $D_1 \sim D_4$、电容 C_1 实现桥式整流电容滤波。
LM317 为三端可调式正电压输出集成稳压器，其输出端 2 与调整端 1 之间为固定不可变的基
准电压 1.25 V（在 LM317 内部）。输出电压 U_0 由电阻 R_1 和 R_P 的数值决定，$U_0 = 1.25$（1 +
R_P / R_1），改变 R_P 的数值，可以调节输出电压的大小。C_2 用来抑制高频干扰，C_3 用来提高稳
压器纹波抑制比，减小输出电压中的纹波电压。C_4 用来克服 LM317 在深度负反馈工作下可
能产生的自激振荡，同时进一步减小输出电压中的纹波分量。D_6 的作用是防止当输入端短路
时，由于电容 C_4 放电而导致稳压器损坏情况的发生。D_5 的作用是防止当输出端短路时，由于
C_3 放电而导致稳压器损坏情况的发生。在正常工作时，保护二极管 D_5、D_6 都处于截止状态。

3. 制作 LM317 集成稳压电路的步骤

（1）购置元器件，按照电路图列出元器件清单，要注意元器件参数应符合电路要求；

（2）设计电源外壳，电路板及元器件布局；

（3）组装电路；

（4）调试电路；

（5）测量电路指标。

项目小结

通过本项目的学习，要求掌握的主要内容有以下几点。

（1）二极管在电子电路中的应用很广泛，在分析或测量二极管电路时，为了方便，通

常将非线性的二极管转换成在不同条件下的各种线性的电路模型。普通二极管通常多用于交变信号的钳位、限整流、稳压、元件保护等。

（2）各种特殊二极管是通过特殊工艺制造出来的，各具特色，广泛地应用于各种不同的场合。例如：利用击穿特性制造的稳压二极管常用于稳定直流电压；用化合物制成的发光二极管常用来做显示器件等。

（3）直流稳压电源由变压器、整流电路、滤波电路和稳压电路组成。整流电路将交流电压变为脉动的直流电压，滤波电路可减小脉动系数使直流电压平滑，稳压电路的作用是在电网电压波动或负载电流变化时保持输出电压基本不变。

（4）集成稳压器仅有输入端、输出端和公共端 3 个引出端。集成稳压器具有体积小、可靠性高、温度特性好、稳压性能好、安装调试方便等突出的优点，并且经过适当的设计接入外加电路后可以扩展其性能和功能，因此被广泛采用。

思考及练习

一、填空题

1. 小功率直流稳压电源由_____、_____、_____和_____ 4 部分组成。

2. 利用晶体二极管的_____性，将交流电变成_____的过程称为整流，根据电路结构形式分为_____、_____、_____和_____整流电路，根据交流电分为单相和三相两种情况，整流电路分为_____整流电路和_____整流电路。

3. 能把直流电中_____滤除，获得较为平滑的直流电压，这种电路称为_____电路，常用的有_____、_____和_____电路。

4. 滤波电路由_____、_____储能元件组成，电容滤波适用于_____的场合，电感滤波适用于_____的场合。

5. 在滤波电路中，滤波电容与负载____联，滤波电感与负载_____联，电感量和电容量越大，滤波效果_____。

6. 带有放大环节的串联晶体管稳压电路由_____、_____、_____和_____ 4 个部分组成。调整管接成_____输出形式，引入_____负反馈，使输出电压稳定。

7. 固定式三端稳压器有_____端、_____端和_____端 3 个引出端，该稳压器属_____式，集成稳压器内部除了有基准、取样、比较放大、调整等环节外，还有_____电路。

8. 在如图 1 - 52 所示电路中，交流电压表 PV_1 读数为 10 V，当开关 S 闭合和打开时，电压表 PV_2 的读数分别为_____和_____。

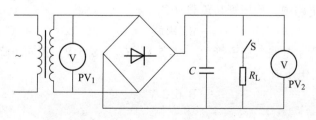

图 1 - 52 项目一习题用图（1）

二、判断题

1. 带有放大环节的串联型晶体管稳压电源，由取样、基准电压、比较放大和调整 4 个环节组成，用以提高稳压性能。（　　）

2. 带有比较放大环节的串联型稳压电路，其中比较放大电路所放大的量等于取样电压与基准电压的差。（　　）

3. 串联型稳压电路的调整管工作在饱和状态。（　　）

4. 串联型稳压电路的稳压过程，实质是电压串联负反馈的自动调节过程。（　　）

5. 在单相桥式整流电路中，如有一只二极管接反，将有可能使二极管和变压器次级绕组烧毁。（　　）

6. 整流电路中，常用有效值来说明负载上获得的脉冲直流电压的大小。（　　）

7. 单相半波整流电路所用的二极管在交流电压的半个周期内导通，单相全波整流电路所用的二极管在交流电压的整个周期内都导通。（　　）

8. 在单相整流电路中，将变压器绕组的两个端点对调，则输出的直流电压极性也随之相反。（　　）

9. 在单相半波整流电容滤波电路中，二极管承受的反向电压与滤波电容无关。（　　）

10. 在电容滤波电路中，电容 C 越大，滤波效果越好。（　　）

三、选择题

1. 在直流稳压电源中，整流的主要目的是（　　）

A. 将交流电变为直流电　　　　B. 将高频信号变成低频信号

C. 将正弦波变成方波

2. 在直流稳压电源中，加滤波器的主要目的是（　　）

A. 将高频信号变为低频信号　　　　B. 变交流电为直流电

C. 去掉脉冲直流电中的脉冲成分　　D. 将正弦交流信号变为脉冲信号

3. 在全波整流电路中，若有一只二极管接反了，则输出（　　）

A. 只有半周波形　　　　　　　　B. 全周波形

C. 无波形且变压器和整流管可能烧坏

4. 在全波整流电路中，若有一只二极管开路，则输出（　　）

A. 只有半周波形　　　　　　　B. 全周波形　　　　　C. 无波形

5. 选择电容滤波电路中的电容，要考虑电容的（　　）

A. 电容值　　　　　　　　　　B. 额定电压

C. 电容值和额定电压

6. 并联型稳压电路中，稳压管与负载（　　）

A. 并联　　　　　　　　　　　B. 串联　　　　　　　C. 并联或串联均可

7. 如图 1 – 53 所示电路，稳压管 $U_{Z1} = 5.5$ V，$U_{Z2} = 8.5$ V，正向压降均为 0.7 V，稳定电流都相等，则输出电压 U_o 为（　　）。

A. 14 V　　　　　　　　　　B. 6.2 V　　　　　　　C. 3 V

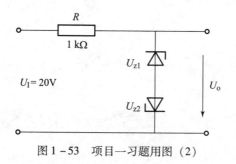

图 1 - 53　项目一习题用图（2）

四、计算题

1. 已知单相半波整流电路如图 1 - 54 所示，变压器次级输出电压 $u_2 = 10\sqrt{2}\sin314t$ V，负载电阻 $R_L = 45\ \Omega$，试确定电路下述参数。

（1）输出电压平均值 U_O；

（2）二极管平均电流 I_F；

（3）二极管承受的最大反向电压 U_{RM}；

（4）画出输出电压的波形。

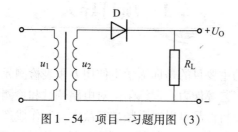

图 1 - 54　项目一习题用图（3）

2. 有一桥式整流电容滤波电路，如图 1 - 55 所示，电源由 220 V、50 Hz 的交流电经变压器降压供电，要求输出电压为 30 V，电流为 500 mA，试确定整流二极管型号及滤波电容规格。

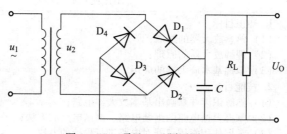

图 1 - 55　项目一习题用图（4）

项目二

制作前置放大器

2.1 项目导入

设计制作前置放大器的主要目的是训练学生使用万用表检测元器件的技能；培养学生电路设计、组装电路、装配工艺等能力；训练学生对电路调试和检测的技能；懂得基本放大器的工作原理及其应用。该项目作品可以对音频进行放大并制作成产品，还可以利用实验室的仪器仪表进行相关的测试（如测试放大倍数，观察信号失真情况等），以深化对放大器原理和特性的认识。

项目任务书

项目名称	制作前置放大器
项目目标	1. 知识目标 （1）熟悉放大器的组成； （2）理解放大器的原理； （3）掌握基本放大器的应用。 2. 技能目标 （1）熟练识读并默画出基本放大器电路； （2）掌握根据电路图组装电路、调试电路的方法； （3）掌握使用常用仪器对电路进行检测的方法
操作步骤	第一步　学习基本放大器的相关知识
	第二步　根据电路图，查阅有关资料，选择购买元器件
	第三步　组装电路
	第四步　检查和调试电路
	第五步　用仪表测试电路
	第六步　填写测试报告
任务要求	2～3人为一组，协作完成任务

2.2　项目实施

任务一　测试 3 种基本放大电路的性能

【任务目标】

（1）了解放大电路的基本知识和 3 种基本组态；

（2）掌握固定偏置式共发射极放大电路的分析方法；

（3）重点掌握分压偏置式共发射极放大电路的分析方法；

（4）了解共集电极放大电路的分析方法及应用。

一、放大电路的基本知识

（一）放大器的概述

1. 放大器

能够把微弱的电信号进行放大的装置称为放大器。放大器能把小信号放大的原因是电源的直流能量通过电路转换成了交流信号的能量。可见，放大器可以看成是一种受控能量转换器，具有如下两个基本作用：

（1）放大作用。一般放大器的输出信号（电流、电压或功率）大于输入信号；

（2）传输作用。一般要求输出波形与输入波形相同或相近，即尽量不失真地传输。

2. 放大器的基本结构

放大器的基本结构框图如图 2 – 1 所示。

3. 放大器的分类

（1）按用途划分可分为：电压放大器、电流放大器、功率放大器。

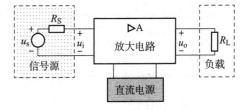

图 2 – 1　放大器结构框图

（2）按信号幅度划分可分为：小信号放大器和大信号放大器。

（3）按信号频率划分可分为：直流放大器、低频放大器、中频放大器、高频放大器和视频放大器。

（4）按放大器的工作状态划分可分为：甲类放大器、乙类放大器、甲乙类放大器、丙类放大器和丁类放大器等。

（5）按三极管的连接方式划分可分为：共发射极放大器、共集电极放大器、共基极放大器。

4. 放大器的基本参数

1）放大倍数

（1）电压放大倍数为

$$A_u = \frac{u_o}{u_i}$$

（2）电流放大器为

$$A_i = \frac{i_o}{i_i}$$

（3）功率放大倍数为

$$A_p = \frac{P_o}{P_i}$$

三者之间的关系是

$$A_p = A_u \cdot A_i$$

（4）增益与分贝。在应用中，为了表示和计算的方便，放大器的放大能力常用放大倍数的对数值来表示，称为增益，用 G 表示，即

电压增益 $$G_u = 20\lg\frac{u_o}{u_i} \quad (\text{dB})$$

电流增益 $$G_i = 20\lg\frac{i_o}{i_i} \quad (\text{dB})$$

功率增益 $$G_p = 10\lg\frac{P_o}{P_i} \quad (\text{dB})$$

放大倍数与分贝的换算如表 2 – 1 所示。

表 2 – 1　放大倍数与分贝的换算表

A_u/倍	0.001	0.01	0.1	0.316	0.707	0.891	1	1.414	2
G_u/dB	– 60	– 40	– 20	– 10	– 3	– 1	0	3	6
A_u/倍	3.16	5	10	31.62	100	316	1 000	10 000	100 000
G_u/dB	10	14	20	30	40	50	60	80	100

2）输入电阻 r_i

输入电阻定义为输入电压有效值 U_i 和输入电流有效值 I_i 之比，是表明放大电路从信号源吸取电流大小的参数，若 r_i 较大，则放大电路从信号源吸取的电流较小；反之较大。r_i 的定义如图 2 – 2 所示。

$$r_i = \frac{U_i}{I_i} \tag{2 – 1}$$

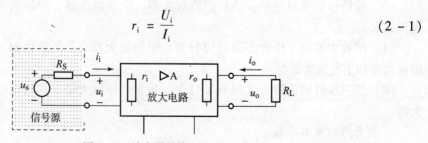

图 2 – 2　放大器的输入电阻

3）输出电阻 r_o

输出电阻是当放大器不接负载时，从放大器的输出端向放大器里看进去的等效电阻，定义为输出电压有效值 U_o 和输出电流有效值 I_o 之比。输出电阻表明放大电路带负载的能力，

若 r_o 较大，则表明放大电路带负载的能力较差，反之较强。

$$r_o = \frac{U_o}{I_o} \qquad (2-2)$$

【注意】放大倍数、输入电阻、输出电阻通常都是在正弦信号下的交流参数，只有在放大电路处于放大状态且输出不失真的条件下才有意义。

4）通频带

放大电路的增益 $A(f)$ 是频率的函数。在低频段和高频段，放大倍数通常都要下降。当 $A(f)$ 下降到中频段电压放大倍数 A_u 的 $\frac{1}{\sqrt{2}}$ 时，

$$A(f_L) = A(f_H) = \frac{A_u}{\sqrt{2}} \approx 0.7\,A_u$$

式中，频率 f_L 称为下限频率，f_H 称为上限频率，如图 2-3 所示（对此图的具体介绍详见后续内容）。

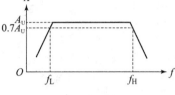

图 2-3 通频带的定义

5. 放大器分析方法

在分析放大器时，经常采用先画等效电路再计算的方法，应注意以下两点。

1）画直流通路和交流通路的方法

（1）在画直流通路时，将电路中的电容视为开路（去除），电路电感或线圈视为短路；

（2）在画交流通路时，将电容视为短路，将电源视为短路。

2）符号的标准写法

（1）直流分量：主体大写，下标大写，如 I_B 表示基极直流电流；

（2）交流分量：主体小写，下标小写，如 i_b 表示基极交流电流；

（3）交直流总和：主体小写，下标大写，如 i_B 表示直流电流 I_B 与交流电流 i_b 的总和；

（4）正弦交流有效值：主体大写，下标小写。如 I_b、I_{bm} 分别表示交流电的有效值和最大值。

（二）放大器的工作原理

晶体三极管具有电流放大的作用，当接入电路时必须加偏置电压才具有电流放大作用。

【小问答】晶体三极管为什么要加偏置电压？

当晶体三极管无偏置电压时，如果把交流信号加到三极管的输入端，则待放大的交流信号的幅度往往很小（如图 2-4 中虚线所示），如果幅度不能超过发射极的门限电压（死区电压），则基极无电流产生——截止，起不到放大作用。如果逐渐加大交流信号的幅度（如图中实线所示），也只有输入信号正半周的顶部超过了死区电压，这时发射极虽然导通了，但基极电流的波形不能复现输入信号的波形，会造成严重的失真。集电结如果不加反向偏置电压，集电结就没有收集载流子的能力，则无法产生集电极电流。

综上所述，要使晶体三极管具有放大作用，则必须给三极管加上正确的偏置电压——发射结正偏，集电结反偏。

一个放大器的静态工作点是否合适，是放大器能否正常工作的重要条件。设置静态工作点的目的，是使输入信号工作在三极管输入特性的线性部分，避开非线性部分，避免给交流

信号造成失真。

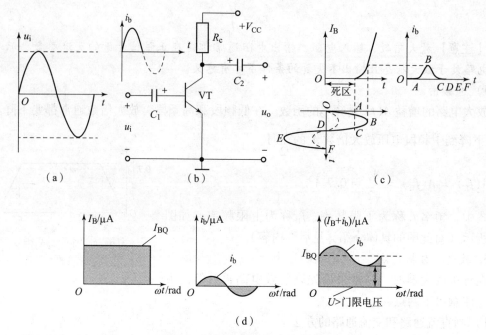

图 2-4 偏置对基极电流的影响

（a）输入信号波形；（b）无偏置电路；（c）无偏置电路基极电流的失真；（d）有偏置电路的基极电流

1. 共射极放大器的电路组成、各元件的作用

（1）如图 2-5 所示为固定偏置式共射放大器的原理电路。

（2）电路中各元件的名称和作用。

①V_{CC}——电源。为放大器提供直流偏置电压。

②VT——半导体三极管。是放大器的核心，起电流放大作用。通过基极电流对集电极电流的控制作用，把电源的直流能量变为交流能量输出。

③R_b——偏置电阻。把电源 V_{CC} 电压引到基极使基极加上适当的正偏电压（或电流），R_b 的大小决定了基极电流 I_B，调节 R_b 可以改变 I_B 的大小。

【注意】在调整静态工作点时，通常用一个固定电路和电位器串联后代替电路图中的 R_b，以防止因 R_b 调得太小而将三极管烧坏。

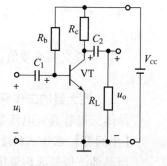

图 2-5 共射极放大器原理电路

④R_c——集电极电阻。有两个作用，一是给集电极提供合适的工作电压使集电结反偏，并具有收集载流子的能力；二是把集电极电流的变化转换为电压的变化，通过耦合电容 C_2 输出。

⑤C_1、C_2——隔直耦合电容。通过交流电，隔断直流电，即"隔直通交"作用。

⑥R_L——放大器的负载。

2. 放大器的工作原理

1）演示放大器电流控制和放大作用

（1）如图 2－6 所示，当开关闭合时，集电极的灯泡 L 点亮，当开关断开时，灯泡 L 熄灭。表明基极（电流）可以控制集电极（电流）；调节 R_{P2} 至适当位置，可以看到发光二极管 VD 发光（一般为几至十几毫安），集电极的灯泡 L 也变亮（I_C 此时一般为几百毫安）。表明较小的基极电流可以引起较大的集电极电流，即三极管具有直流放大作用。

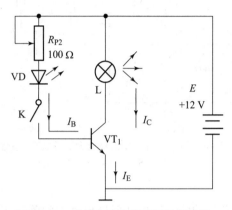

图 2－6　演示电流放大作用的放大器

（2）当较快速地往复调节 R_{P2} 时，可以看到发光二极管 VD 在闪动，集电极的灯泡 L 也在闪光。表明较小的基极电流变化可以引起较大的集电极电流变化，即三极管具有交流放大作用。

2）简单偏置共发射极放大器直流分析

直流分析的目的是为了调整放大器的静态工作点，是设计放大电路的基础。

当外加输入信号为零时，在直流电源的作用下，三极管的基极回路和集电极回路均存在着直流电流和直流电压，这些直流电流和直流电压在三极管的输入、输出特性曲线上对应的点，称为静态工作点，如图 2－7 所示。即静态工作点是指 I_{BQ}、U_{BEQ}、I_{CQ}、U_{CEQ}。

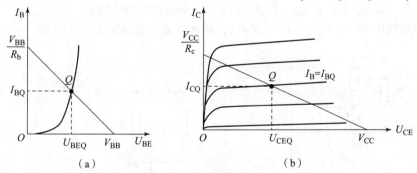

（a）　　　　　　　　　（b）

图 2－7　三极管的静态工作点与对应的输入、输出特性曲线

但由于三极管的 U_{BEQ} 的变化范围很小，可以近似取值，即

$$硅管 —— U_{BEQ} 为 0.6 ～ 0.7 \text{ V}$$

$$锗管 —— U_{BEQ} 为 0.1 ～ 0.3 \text{ V}$$

因此，计算静态工作点通常是指计算 I_{BQ}、I_{CQ}、U_{CEQ} 的值。

要估算静态工作点，通常都要先画出直流等效电路，然后进行推导和计算。

①直流通路。

直流通路是计算静态工作点的依据。将电路中的电容视为开路（去除），电路电感或线圈视为短路，如图 2-8 所示。

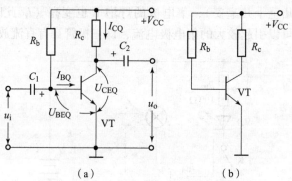

图 2-8   简单偏置共发射极放大器及其直流通路

（a）电路的简化画法；（b）直流通路

②静态工作点。

主要是计算 I_{BQ}、I_{CQ}、U_{CEQ} 的值。简单共射极放大器的静态工作点的确定可分如下 3 步进行，即

估算 I_{BQ}

$$I_{BQ} = \frac{V_{CC} - U_{BEQ}}{R_b} \approx \frac{V_{CC}}{R_b}$$

计算 I_{CQ}

$$I_{CQ} = \beta I_{BQ}$$

计算 U_{CEQ}

$$U_{CEQ} = V_{CC} - I_{CQ}R_c$$

【例1】   如图 2-9 所示的简单偏置放大电路中，已知 $R_c = 3\ k\Omega$，$R_b = 280\ k\Omega$，$R_L = 3\ k\Omega$，$\beta = 50$。求静态工作点 I_{BQ}、I_{CQ} 和 U_{CEQ}（图中晶体管为硅管）。

解：将电路中的电容视为开路（移去），得到直流通路如图 2-10 所示。

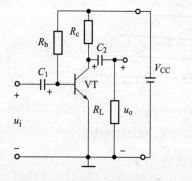

图 2-9   简单偏置放大器电路

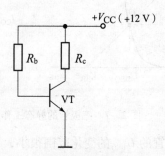

图 2-10   简单偏置放大器的直流通路

（2）静态工作点主要是指 I_{BQ}、I_{CQ}、U_{CEQ}。

估算 I_{BQ}

$$I_{BQ} = \frac{V_{CC} - U_{BEQ}}{R_b} \approx \frac{V_{CC}}{R_b} = \frac{12 - 0.7}{280} = 0.04 \text{（mA）} = 40 \text{（μA）}$$

计算 I_{CQ}

$$I_{CQ} = \beta I_{BQ} = 50 \times 0.04 = 2 \text{（mA）}$$

计算 U_{CEQ}

$$U_{CEQ} = V_{CC} - I_{CQ}R_c = 12 - 2 \times 3 = 6 \text{（V）}$$

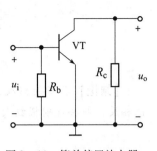

图 2 – 11　简单偏置放大器的交流通路

3）简单共发射极放大器交流分析

交流分析的目的是为了计算放大器的放大倍数。交流通路画法：将电容器看成短路，将电源对地看成短路。上题中的交流等效通路如图 2 – 11 所示。

（1）输入电压 u_i

$$u_i = i_b(R_b /\!/ r_{be})$$

（2）输出电压 u_o

$$u_o = i_c(R_c /\!/ R_L) = i_c \frac{R_c R_L}{R_c + R_L}$$

式中，$\dfrac{R_c R_L}{R_c + R_L}$ 称为总负载，令

$$\frac{R_c R_L}{R_c + R_L} = R'_L$$

（3）计算 A_u

$$A_u = -\beta \frac{R'_L}{r_{be}} \quad \text{（有负载时）}$$

$$A_u = -\beta \frac{R_c}{r_{be}} \quad \text{（无负载时）}$$

式中，负号表示输出信号与输入信号相位相反。

代入数据可以算得，有负载时的电压放大倍数为

$$A_u = -\beta \frac{R'_L}{r_{be}} = -50 \times \frac{1\,500}{750} = -100(\text{倍})$$

$$R'_L = \frac{R_c \times R_L}{R_c + R_L} = \frac{3 \times 3}{3 + 3} = 1.5(\text{k}\Omega) = 1\,500(\Omega)$$

式中，负号表示输出信号与输入信号相位相反。

空载时的电压放大倍数为

$$A_u = -\beta \frac{R_c}{r_{be}} = -50 \times \frac{3\,000}{750} = -200(\text{倍})$$

【结论】有载时的放大倍数比空载时有所下降。

4）简单偏置共发射极放大器波形分析

【重要提示】放大器传输和放大交流电压信号，是通过下列过程来达到的。

当输入信号通过耦合电容加在三极管的发射结时，波形分析如图 2 – 12 所示。

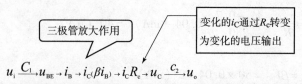

$$u_i \xrightarrow{C_1} u_{BE} \to i_B \to i_C(\beta i_B) \to i_C R_c \to u_C \xrightarrow{C_2} u_o$$

【结论】 共发射极放大器有电流和电压放大能力，并且输出电压的相位与输入电压的相位相反，即共发射极放大器具有倒相作用。

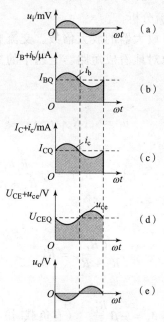

图 2-12　简单偏置放大器的波形分析

（a）输入电压波形；（b）基极电流波形；（c）集电极电流波形；（d）集电极电压波形；（e）输出电压波形

二、几种常见小信号放大器电路的分析

有时，一些电子设备在常温下能够正常工作，但当温度升高时，性能就可能不稳定，甚至不能正常工作。产生这种现象的原因是电子器件的参数受温度影响而发生变化。晶体管具有热敏性。温度变化对三极管参数的影响主要表现在以下 3 个方面。

① I_{BQ} 的变化。从输入特性来说，当温度升高时，为了得到同样的 I_{BQ}，所需要的 U_{BEQ} 的值将减小；在前述简单偏置共射极放大电路中，有 $I_{BQ} = \dfrac{V_{CC} - U_{BEQ}}{R_b}$，故 $U_{BEQ} \downarrow$ 而 $I_{BQ} \uparrow$。但因 $U_{BEQ} \ll V_{CC}$，因此 $U_{BEQ} \downarrow$ 引起 $I_{BQ} \uparrow$ 并不太明显。三极管 U_{BEQ} 的温度系数约为 -2 mV/℃，即每升高 1 ℃，U_{BEQ} 下降约为 2 mV。

② β 值的变化。温度每升高 1 ℃，β 值增大 0.5% ~ 1%，但不同三极管 β 温度系数分散性较大。

③ I_{CBQ} 的变化。因为反向电流是由少子形成的，因此受温度变化影响比较严重，温度每升高 10 ℃，I_{CBQ} 将大约增加一倍。

综上所述，当温度升高时，会导致集电极电流 I_C 的增大。例如 20 ℃时的输出特性如图 2-13 实线所示，而当温度上升到 50 ℃时的特性如图中虚线所示，静态工作点将由 Q 点上移到 Q' 点，即当温度升高时静态工作点接近饱和区，若放大较大的信号则会出现严重的饱和失真。

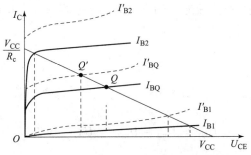

图 2 - 13 放大器静态工作点的温度漂移

为了抑制放大电路的静态工作点的波动,保持技术性能的稳定,需要从电路结构上采取适当的措施。例如,下面所介绍的分压式电流负反馈放大器,就是结构比较简单、成本低廉,并能有效地保持静态工作点稳定的电路。

(一) 分压式电流负反馈放大器

分压式电流负反馈放大电路是一种实用的放大器,静态工作点稳定是其突出优点。

1. 电路结构

分压式电流负反馈放大电路如图 2 - 14 所示。

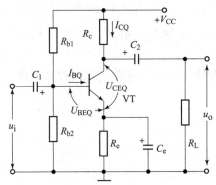

图 2 - 14 分压式电流负反馈放大电路

2. 工作点稳定的原理

1)分压原理

当 $I_{R_{b1}} \approx I_{R_{b2}} \gg I_B$ 时,基极电压为

$$U_B = V_{CC} \frac{R_{b2}}{R_{b1} + R_{b2}}$$

2)R_e 的作用

当环境的温度升高时,由于半导体的热敏性,集电极的电流必然有增大的趋势;发射极电流也增大;发射极电压也随着升高;由于基极电压已被分压电路固定,所以发射极电压升高将会导致 R_e 的电流负反馈作用(见后述),使集电极电流基本保持不变。用渐变式表示,即

$$T \uparrow \to I_{CQ} \uparrow \to I_{EQ} \uparrow \to U_{EQ} \uparrow \to U_{BEQ} \downarrow \to I_{BQ} \downarrow \to I_{CQ} \downarrow \text{(稳定)}$$

3)C_1、C_2 的作用

隔直通交的作用,使交流信号顺利通过,并保证放大器有足够的放大倍数。

3. 静态分析（工作点的计算）

画出电路的直流通路。画直流通路的方法为，将电容器看成开路，上题中的直流等效通路如图 2-15 所示。

1）基极电压

根据分压原理可得 $\quad U_{BQ} = V_{CC} \dfrac{R_{b2}}{R_{b1} + R_{b2}} \qquad$（在 $I_{R_{b1}} \approx I_{R_{b2}} \gg I_{BQ}$）

2）发射极电压

$$U_{EQ} = U_{BQ} - U_{BEQ} = U_{BQ} - 0.7$$

3）发射极电流

根据欧姆定律

$$I_{EQ} = \frac{U_{EQ}}{R_e} = \frac{U_{BQ} - 0.7}{R_e}$$

4）基极电流

根据电流放大倍数关系式

$$I_{BQ} = \frac{I_{CQ}}{\beta} \approx \frac{I_{EQ}}{\beta}$$

5）计算 U_{CEQ}

根据回路电压方程

$$U_{CEQ} = V_{CC} - I_{CQ}R_c - I_{EQ}R_e \approx V_{CC} - I_{CQ}(R_c + R_e)$$

4. 动态分析

画交流通路，将电容器看成短路，将电源对地面看成短路。上题中的交流等效通路如图 2-16 所示。

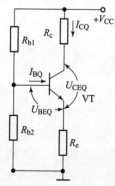

图 2-15　分压式电流负反馈偏置
放大器的直流通路

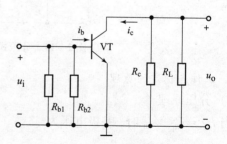

图 2-16　分压式电流负反馈偏置
放大器的交流通路

1）输入电压 u_i

$$u_i = i_b(R_{b1} /\!/ R_{b2} /\!/ r_{be}) \approx i_b \times r_{be} \qquad (R_{b1}, R_{b2} \gg r_{be})$$

2）输出电压 u_o

$$u_o = i_c(R_c /\!/ R_L) = i_c \frac{R_c R_L}{R_c + R_L}$$

式中，$\dfrac{R_c R_L}{R_c + R_L}$ 称为总负载，令

$$\frac{R_c R_L}{R_c + R_L} = R'_L$$

3）计算 A_u

$$A_u = -\beta \frac{R'_L}{r_{be}} \quad （有负载时）$$

$$A_u = -\beta \frac{R_c}{r_{be}} \quad （无负载时）$$

【小结】分压电流负反馈放大器的电压放大倍数和简单偏置共射极放大器一样（由于 C_e 的旁路作用，C_e 对交流信号可视为短路）。

（二）电压反馈式偏置放大器

电压反馈式偏置放大器是一种性能良好的小信号放大器。结构简单、工作稳定是其突出优点。

1. 电路组成

电压反馈式偏置放大器如图 2 - 17 所示。

2. 工作点稳定原理

当温度升高时，由于半导体的热敏性，I_{CQ} 将增大。集电极电流增大，R_c 两端电压增大；因为 $U_{CEQ} = V_{CC} - U_{R_c}$，所以将使 U_{CEQ} 减小；由于基极电流取自集电极电压，所以 U_{CEQ} 减小将使基极电流减小；而基极电流的减小又将导致集电极电流的减小。这个稳定过程的实质是，当环境的温度升高时，由于 R_b 从集电极引入的电压负反馈使得集电极电流基本保持不变。

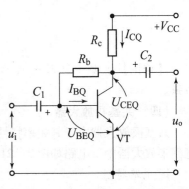

图 2 - 17　电压反馈式偏置放大器

这个稳定过程可用渐变式表示如下：

$$T \uparrow \rightarrow I_{CQ} \uparrow \rightarrow U_{R_c} \uparrow \rightarrow U_{CEQ} \downarrow \rightarrow I_{BQ} \downarrow \rightarrow I_{CQ} \downarrow \quad （稳定）$$

（三）射极输出器

根据输入信号与输出信号公共端的不同，放大器有 3 种基本的接法（或称为 3 种组态），即共射极放大器、共集电极放大器和共基极放大器。前面已较详细地介绍了共射极放大器。共集电极放大器也称为射极输出器，又叫射极跟随器，具有输出电阻小，负载能力强的特点，广泛用于缓冲级电路，电路如图 2 - 18 所示。

1. 静态分析

画出直流通路如图 2 - 19 所示。

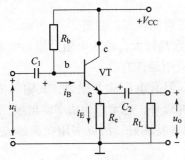

图 2 - 18　射极输出器电路

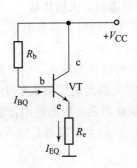

图 2 - 19　射极输出器直流通路

2. 动态分析

画出交流通路如图 2-20 所示。

由交流通路可以得出

输入电压 u_i

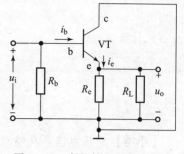

$$u_i = i_b r_{be} + i_e R'_e = i_b r_{be} + (1 + \beta) i_b R'_e$$

其中

$$R'_e = R_e // R_L = \frac{R_e R_L}{R_e + R_L}$$

输出电压 u_o

图 2-20　射极输出器交流通路

$$u_o = i_e R'_e = (1 + \beta) i_b R'_e$$

电压放大倍数

$$A_u = \frac{u_o}{u_i} = \frac{(1 + \beta) R'_e}{r_{be} + (1 + \beta) R'_e} \approx 1 \quad （有负载时）$$

$$A_u = \frac{u_o}{u_i} = \frac{(1 + \beta) R_e}{r_{be} + (1 + \beta) R_e} \approx 1 \quad （无负载时）$$

【结论】 共集电极放大器无电压放大作用，有电流放大作用，输出电阻小且负载能力强。

（四）共基极放大器

共基极放大器由于其频率特性好，因此多用在调频和宽频带放大器中。电路如图 2-21 所示。

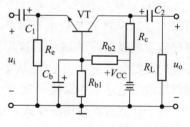

1. 电路特性

用以前的交流分析方法可以得到电压放大倍数为

$$A_u = \frac{\beta R'_L}{r_{be}}$$

输入电阻为

图 2-21　共基极输出器交直流通路

$$r_i = R_e // \frac{r_{be}}{1 + \beta} \approx \frac{r_{be}}{1 + \beta}$$

输出电阻为

$$r_o = R_c$$

【结论】 共基极放大器有电压放大能力（放大倍数大小和共射极放大器相同，但无倒相作用）、无电流放大能力。输入电阻很小（一般只有几欧姆~几十欧姆），输出电阻较大。

（五）3 种基本组态的放大器比较

3 种基本放大器（共射极、共集电极、共基极）各自的特点，如表 2-2 所示。

（1）共发射极放大器的电压、电流和功率放大倍数都较大，输入电阻及输出电阻适中，所以在多级放大器中可以作为输入、输出和中间级，应用最普遍。

（2）共集电极放大器无电压放大能力（$A_u \approx 1$），但有电流放大能力，其输入电阻大、输出电阻小、带负载能力强。因此除用作输入级、缓冲级外，也常作为功率输出级。

（3）共基极放大器的主要特点是输入电阻小、频率特性好，所以多用在调频或宽频带放大电路中。

表 2 - 2 3 种组态放大器特点比较一览表

电路特点	组态	共发射极放大器	共集电极放大器（射极输出器）	共基极放大器
组成电路				
电压增益		几十～几百	$A_u \approx 1$	几十～几百
电流增益		几十～一百	几十～一百	略小于 1
输入电阻		约 1 kΩ	几十～几百千欧	几十欧
输出电阻		几千～几十千欧	几十欧	几千～几百千欧
关系（u_o 与 u_i）		反相	同相	同相
频率响应		差	较好	好

（六）多级放大器

1. 多级放大电路的耦合方式

耦合 - 多级放大电路的连接产生了单元电路间的级联问题，即耦合问题。放大电路的级间耦合必须要保证信号的传输，且保证各级的静态工作点正确。

常用耦合方式有直接耦合、阻容耦合和变压器耦合，另外还有光电耦合。多级放大器应用最多的是阻容耦合。根据输入信号的性质，就可决定级间耦合电路的形式。

1）直接耦合

耦合电路采用直接连接或电阻连接，不采用电抗性元件，这种连接方式称为直接耦合。直接耦合电路可传输低频甚至直流信号，因而缓慢变化的漂移信号也可以通过直接耦合放大电路。

2）阻容耦合

阻容耦合也称为电抗性元件耦合，级间采用电容或变压器耦合。电抗性元件耦合只能传输交流信号，漂移信号和低频信号不能通过。

3）变压器耦合

采用变压器耦合也可以隔除直流，并传递一定频率的交流信号，因此各放大级的静态工作点 Q 互相独立。变压器耦合的优点是可以实现输出级与负载的阻抗匹配，以获得有效的功率传输。变压器耦合阻抗匹配的原理如图 2 – 22（a）所示。

在理想条件下，变压器原、副端的电流匝数相等，可以通过调整匝数比 n 来使原、副端阻抗匹配。

$$I_1 N_1 = I_2 N_2$$

$$I_2 = (I_1 N_1 / N_2) = I_1 (U_1 / U_2) = U_2 / R_L$$

$$(U_1 / R_1)(U_1 / U_2) = U_2 / R_L$$

$$(N_1 / N_2)^2 = R_1 / R_L$$

$$n^2 = R_1 / R_L$$

当变压器的原端作为谐振回路使用时，为了使较小的三极管输出电阻不影响谐振回路的 Q 值，在原端采用抽头的方式以实现匹配。此时将 U_1 接在 a′b 之间就可以减轻三极管对 Q 值的影响，如图 2 – 22（b）所示。

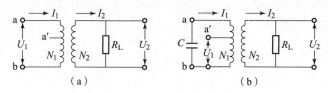

图 2 – 22　变压器的阻抗匹配

4）光电耦合

耦合电路的简化形式如图 2 – 23（d）所示。

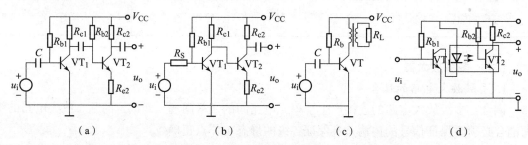

图 2 – 23　多级耦合电路形式

（a）阻容耦合；（b）直接耦合；（c）变压器耦合；（d）光电耦合

直接耦合或电阻耦合会使各放大级的工作点互相影响，应认真加以解决。

2. 多级放大器的性能

1）静态工作点

在阻容耦合放大器和变压器耦合放大器中，由于各级工作点彼此独立，故而各级的设置与调测和单级放大器相同。

2）交流参数

①电压放大倍数：

$$A_u = A_{u1} \cdot A_{u2} \cdot A_{u3} \cdots A_{un}$$

②输入电阻 r_i。

多级放大器的输入电阻一般就是第一级放大器的输入电阻 r_{i1}，即

$$r_\mathrm{i} = r_{i1}$$

③输出电阻 r_o。

多级放大器的输出电阻一般就是最后一级放大器的输出电阻 r_{on}，即最后一级集电极电阻。即

$$r_\mathrm{o} = r_{on} = R_{cn}$$

3. 多级放大器的上限频率、下限频率和频带宽度

在分析放大器的工作时，往往以正弦波进行讨论，这是为了分析和计算上的方便。实际上放大器处理的信号频率往往不是单一的，而是有许多丰富的频率成分，放大器对各频率信号的响应是不一样的。

可以用各种不同频率的信号输入同一放大器，然后对该放大器的放大倍数进行测量，就可得到如图 2 – 3 所示的曲线。表示放大倍数与频率关系的曲线，称为幅频特性曲线。

由图可见，对于过高或过低的频率，放大器的放大倍数都会下降。通常将放大器中频段内稳定的最大放大倍数记作 A_{um}，当放大倍数下降到最大放大倍数 A_{um} 的 $\dfrac{1}{\sqrt{2}}$ 倍时，所对应的低频段的频率 f_L，称为下限频率；而当放大倍数下降到最大放大倍数 A_{um} 的 $\dfrac{1}{\sqrt{2}}$ 倍时，所对应的调频段频率为 f_H，称为上限频率。在 f_L 和 f_H 之间的频率范围称为通频带，即

$$f_{BW} = f_\mathrm{H} - f_\mathrm{L}$$

在低频段放大倍数下降的主要原因是放大器中具有阻抗随频率的变化而变化的电抗元件，在阻容耦合放大器中的耦合电容和射极旁路电容就是这类电抗元件。因为在低频时，容抗为 $X_C = \dfrac{1}{2\pi fC}$，交流信号在电容上的压降增大，使耦合到下一级的信号电压相应减小，从而使低频段的放大倍数下降。因此在选择上述电容器时应注意合适的电容值，在实际应用中，一般耦合电容选用 5 ~ 22 μF，旁路电容选用 33 ~ 100 μF。

在实际的多级放大电路中，当各放大级的时间常数相差悬殊时，可取起主要作用的一级时间常数作为估算依据，即若某级的下限频率远高于其他各级的下限频率，则可认为整个电路的下限频率就是该级的下限频率。

同理若某级的上限频率远低于其他各级的上限频率，则可认为整个电路的上限频率就是该级的上限频率。

任务二　测试负反馈放大电路的性能

【任务目标】

（1）熟悉反馈的概念，能够判断出电路中是否存在反馈；

（2）掌握负反馈的基本类型及其判别方法；

（3）重点掌握4种组态的负反馈放大电路的特点；

（4）掌握负反馈对放大电路性能的影响。

一、反馈的作用

1. 反馈的意义

在电子系统中，将放大电路输出量（电压或电流）的一部分或全部通过某些元件或网络（称为反馈网络），反向送回到输入端，以此来影响原输入量（电压或电流）的过程称为反馈。引入了反馈的放大电路称为反馈放大电路，也称为闭环放大电路；未引入反馈的放大电路，称为开环放大电路。

反馈可以在一级放大器内存在，称为本级反馈。反馈也可以在多级放大电路中构成，称为级间反馈。本级反馈只改善本级电路的性能，级间反馈改善整个放大电路的性能。

2. 反馈放大电路的组成框图

如图 2 – 24 所示为反馈放大电路的组成框图。

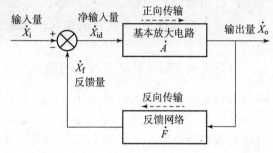

图 2 – 24　反馈放大电路的组成框图

3. 反馈放大电路的一般关系式

放大器的开环放大倍数 $\dot{A}$ 为

$$\dot{A} = \frac{\dot{X}_\mathrm{o}}{\dot{X}_\mathrm{id}}$$

反馈系数 $\dot{F}$ 为

$$\dot{F} = \frac{\dot{X}_\mathrm{f}}{\dot{X}_\mathrm{o}}$$

放大电路的闭环放大倍数 $\dot{A}_\mathrm{f}$ 为

$$\dot{A}_\mathrm{f} = \frac{\dot{X}_\mathrm{o}}{\dot{X}_\mathrm{i}}$$

净输入信号 $\dot{X}_\mathrm{id}$ 为

$$\dot{X}_\mathrm{id} = \dot{X}_\mathrm{i} - \dot{X}_\mathrm{f}$$

根据上面关系式，可得

$$\dot{A}_\mathrm{f} = \frac{\dot{A}}{1 + \dot{A}\dot{F}} \tag{2 – 3}$$

式（2 – 3）是一个十分重要的关系式，称为闭环增益方程，是分析反馈放大器的基本关系式。当放大电路工作在中频范围，而且反馈网络又是纯电阻性时，开环放大倍数 $\dot{A}$ 和反馈系数 $\dot{F}$ 皆为实数，则开环放大倍数 $\dot{A}$ 可用 A 表示，反馈系数 $\dot{F}$ 可用 F 表示，则式（2 – 3）可变为

$$A_\mathrm{f} = \frac{A}{1 + AF}$$

式中，$1 + AF$ 称为反馈深度，一般用 D 来表示，是衡量放大器信号反馈强弱程度的一个重要指标。

二、负反馈的基本类型及其分析方法

如图 2-25（a）所示电路，是一个两级共射放大器。

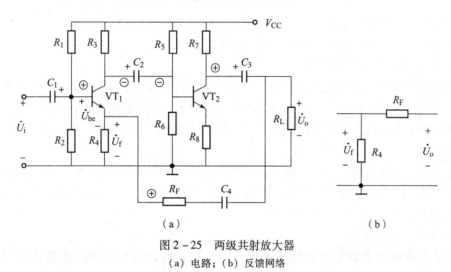

图 2-25　两级共射放大器
（a）电路；（b）反馈网络

1. 电路有无反馈的判断

判断方法为，考察放大电路输入回路和输出回路之间是否有起联系作用的反馈网络。

在如图 2-25（a）所示的电路中，电阻 R_4 和 R_F 能把输出端交流信号返回到输入端，故本电路中存在反馈网络如图 2-25（b）所示，而且是把放大器第二级的输出信号引回到第一级的输入端，所以是级间反馈。

2. 反馈极性（正、负反馈）的判断

放大器中的反馈按照反馈信号极性的不同，可分为正反馈和负反馈。在放大器中，如果引入反馈信号后，放大电路的净输入信号减小，导致放大器的放大倍数降低，则这种反馈称为负反馈；若反馈信号使放大电路的净输入信号增大，导致放大器的放大倍数增大，则这种反馈称为正反馈。判断正、负反馈的方法是瞬时极性法，步骤如下。

（1）先假定放大器输入端的输入信号在某一瞬时的极性为正，说明该点瞬时电位的变化是升高的，在图中用"＋"号表示。

（2）根据各级放大器对输入信号和输出信号的相位关系，依次推断出由瞬时输入信号所引起的电路中有关各点电位的瞬时极性，从而确定输出信号和反馈信号的瞬时极性。

（3）再根据反馈信号与输入信号的连接情况，分析净输入量的变化，如果反馈信号使净输入量增强，则为正反馈，反之则为负反馈。

在如图 2-25（a）所示电路中，净输入信号 $\dot{U}_{be} = \dot{U}_i - \dot{U}_f$，按照（1）、（2）步骤，得出输入信号 $\dot{U}_i$ 与反馈信号 $\dot{U}_f$ 的瞬时极性相同。电路引入反馈使得净输入信号减小，所以为负反馈。

需要强调的是，当"＋"信号从三极管的基极输入时，信号从集电极上输出时为

"－"，从发射极上输出时则为"＋"；信号经过电阻和电容时不改变极性；信号在经过集成运放时，从同相端输入，则输出与输入同相，从反相端输入时，则输出与输入反相。

【结论】 当输入信号 $\dot{U}_i$ 与反馈信号 $\dot{U}_f$ 在输入端的不同点时，若反馈信号 $\dot{U}_f$ 的瞬时极性和输入信号 $\dot{U}_i$ 的瞬时极性相同，则为负反馈；若两者极性相反，则为正反馈。当输入信号 $\dot{U}_i$ 与反馈信号 $\dot{U}_f$ 在输入的同一点时，若反馈信号 $\dot{U}_f$ 的瞬时极性和输入信号 $\dot{U}_i$ 的瞬时极性相同，则为正反馈；若两者极性相反，则为负反馈。

3. 直流反馈和交流反馈的判断

在反馈放大器中，若反馈回来的信号是直流量，则称为直流反馈；若反馈回来的信号是交流量，则称为交流反馈；若反馈信号中既有交流分量，又有直流分量，则称为交、直流反馈。放大器中引入直流负反馈可以提高静态工作点的稳定性，引入交流负反馈可以提高放大器的动态性能。

区分直流反馈和交流反馈的关键是，抓住电容通交流隔直流的特点。

在如图 2－25（a）所示电路中，反馈网络中串联了电容 C_4，C_4 对于直流相当于开路，对于交流相当于短路，所以是交流反馈。

4. 负反馈组态的判断

交流负反馈在放大器中有着特殊而广泛的应用，按照对放大器性能的要求组成各种类型。

从放大器的输出端看，按照反馈网络在输出端的采样不同，可分成电压反馈和电流反馈。如果反馈取样是输出电压，则称为电压反馈；如果反馈取样是输出电流，则称为电流反馈。

从放大器的输入端看，按照反馈信号与输入信号在输入端的连接方式的不同，可分为串联反馈和并联反馈。如果反馈信号与输入信号在输入端串联连接，则称为串联反馈；如果反馈信号与输入信号在输入端并联连接，则称为并联反馈。

1）电压反馈和电流反馈的判断

判断电压反馈和电流反馈的方法为负载短路法。假设把输出负载短路，即 $\dot{U}_o = 0$，若反馈信号因此消失，则为电压反馈；如果反馈信号依然存在，则为电流反馈。

在如图 2－25（a）所示电路中，负载 R_L 短路，VT_2 集电极接地，输出信号 $\dot{U}_o$ 直接经导线到地，反馈信号消失，所以为电压反馈。若将 C_4 右端改接到 VT_2 发射极，则成为电流反馈。

2）串联反馈和并联反馈的判断

判断串联反馈和并联反馈的方法为如果反馈信号和输入信号在输入端的同一节点引入，则为并联反馈；如果反馈信号和输入信号不在输入端的同一节点引入，则为串联反馈。

在如图 2－25（a）所示电路中，在输入回路中输入信号 $\dot{U}_i$ 与反馈信号 $\dot{U}_f$ 不在同一节点，以电压形式求和（反馈信号与输入信号串联），所以是串联反馈。若将 R_F 右端改接到 VT_1 基极，则成为并联反馈。

通过分析可知，从放大器输出端看，按反馈信号与输出信号的关系，可分为电压和电流两种反馈；从放大器输入端看，按反馈信号与输入信号的关系，可分为串联和并联两种反馈。于是对交流负反馈而言，存在 4 种可能的反馈组态（类型），即电压串联负反馈、电压并联负反馈、电流串联负反馈和电流并联负反馈。

【想一想】　如何判别负反馈的 4 种组态?

【例 2】说明如图 2 – 26 所示各个电路中分别存在哪些反馈网络。分析电路是正反馈还是负反馈，是直流反馈还是交流反馈。并分析出反馈组态。

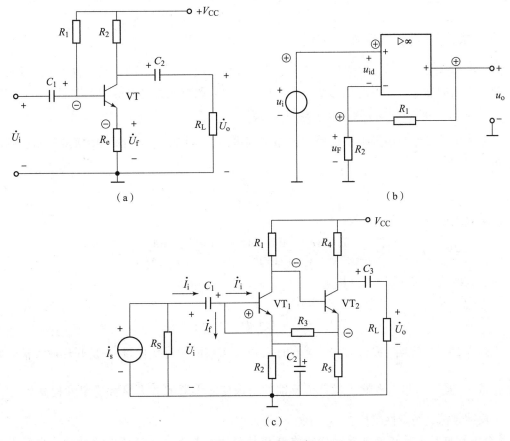

图 2 – 26　实例电路

解: 如图 2 – 26 (a) 所示电路是一个单管共射放大器。通过反馈电阻 R_e 把放大器的输出信号 i_C ($\approx i_E$) 与输入回路连接起来，使三极管的净输入信号 u_{BE} ($= u_i - i_C \times R_e$) 受到了输出信号的影响。采用瞬时极性法判断反馈极性为负反馈，且是交、直流负反馈。假设负载短路，反馈信号 $u_F = i_C \times R_e \neq 0$，因而反馈类型是电流反馈。从输入端看是串联反馈。此放大器组态是电流串联负反馈。

如图 2 – 26 (b) 所示电路是一个由集成运放构成的放大电路，和由三极管构成的共射放大器相比较，集成运放的同相输入端 u_{i+} 对应于三极管的基极输入端，反相输入端 u_{i-} 对应于三极管的发射极，运放的输出端对应于三极管的集电极输出端。输出信号通过反馈网络 R_1、R_2 引回到集成运放的输入端。采用瞬时极性法判断反馈极性为负反馈，且是交、直流负反馈。利用假设负载短路法分析反馈类型是电压反馈。从输入端看，输入信号 u_i 与反馈信号 u_F 不在同一节点，以电压形式求和 (反馈信号与输入信号串联)，所以为串联反馈。故此放大器组态是电压串联负反馈。

如图 2-26（c）所示电路是一个两级共射放大器，电阻 R_3 构成了级间反馈，是交、直流负反馈。从输出端分析反馈类型是电流反馈。从输入端分析，输入信号与反馈信号在同一节点，以电流形式求和（净输入信号 $\dot{i}_i' = \dot{i}_i - \dot{i}_f$），所以为并联反馈。组态是电流并联负反馈。电阻 R_2、R_5 分别构成了本级负反馈。电阻 R_2 构成的反馈是直流负反馈；电阻 R_5 构成的是交、直流负反馈，组态为电流串联负反馈。

三、负反馈对放大性能的影响

放大器引入负反馈后，放大倍数有所下降，却可以改善放大器的性能。直流负反馈可以提高放大电路的静态工作点的稳定性；交流负反馈可以改善放大电路的动态性能。

1. 交流负反馈可以提高放大器增益的稳定性

设放大电路工作在中频范围，反馈网络为纯电阻，所以 $\dot{A}$、$\dot{F}$ 都可用实数表示，则闭环增益方程为

$$A_f = \frac{A}{1 + AF}$$

对上式求微分，可得

$$dA_f = \frac{(1 + AF) \cdot dA - AF \cdot dA}{(1 + AF)^2} = \frac{dA}{(1 + AF)^2}$$

对上式两边同时除以 A_f，得

$$\frac{dA_f}{A_f} = \frac{1}{1 + AF} \cdot \frac{dA}{A} \qquad (2-4)$$

上式（2-4）表明，负反馈放大器的闭环放大倍数的相对变化量 $\frac{dA_f}{A_f}$ 是开环放大倍数相对变化量 $\frac{dA}{A}$ 的 $\frac{1}{1+AF}$ 倍，也就是说，负反馈的引入使放大器的放大倍数稳定性提高到了 $\frac{1}{AF}$ 倍。负反馈越深，稳定性越高。

【结论】 电压负反馈使电路的输出电压保持稳定；电流负反馈使电路的输出电流保持稳定。

2. 交流负反馈可以扩展放大器的通频带

在放大器的低频段，由于耦合电容阻抗增大等原因，放大器放大倍数下降；在高频段，由于分布电容、三极管极间电容的容抗减小等原因，放大器放大倍数下降。电路引入负反馈后，当高、低频段的放大倍数下降时，反馈信号跟着减小，对输入信号的削弱作用减弱，使放大倍数的下降变得缓慢，因而通频带展宽。

实训
两级电压串联负反馈放大电路的仿真与调试

1. 实训目的

（1）通过对有负反馈和无负反馈放大器性能的比较，体会负反馈改善放大器性能的作用；

（2）进一步提高使用仿真软件的水平；

（3）进一步熟悉虚拟仪器的作用；

（4）进一步掌握放大器性能的测试方法。

2. 实训步骤

（1）用 Multisim 10 仿真软件搭建仿真电路，如图 2 - 27 所示。

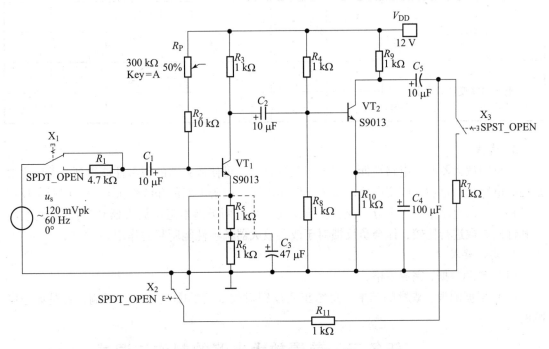

图 2 - 27　负反馈实验仿真电路

（2）测量电路的静态工作点。令输入信号为零，用万用表测量出 VT$_1$ 与 VT$_2$ 的基极、集电极、发射极电位 U_{BQ1}、U_{CQ1}、U_{EQ1}、U_{BQ2}、U_{CQ2}、U_{EQ2} 值的大小，记录于自拟的数据表格中。调节 R_P 使 VT$_1$ 的集电极静态电流 I_{CQ1} 为 1 mA 左右。

（3）测量基本放大器的放大倍数、输入电阻和输出电阻。X$_2$ 向左，把反馈网络从输出端断开，在输入端接低频信号发生器，输入频率 f = 1 kHz、有效值 U_i = 10 mV 的正弦信号 u_i，从输出端分别测量不接负载电阻 R_7（断开 X$_3$）和接负载电阻 R_7（闭合 X$_3$）两种情况下的输出电压 u_o 和 u_{oL} 的有效值 U_o 和 U_{oL}，计算出电压放大倍数 A_u、输出电阻 r_o 的值，记录于表 2 - 3 中。

X$_1$ 向下，将 R_1 = 4.7 kΩ 接入回路，调节信号源电压，同时保持 U_i = 10 mV 不变，测出此时的信号源电压 u_s 有效值 U_s 大小，计算出输入电阻 r_i 值，并填入表 2 - 3 中。

（4）测量电压串联负反馈放大器的放大倍数、输入电阻和输出电阻。X$_2$ 向右，将反馈网络接在输出端，便构成电压串联负反馈。使输入信号仍为 f = 1 kHz，U_i = 10 mV，按实验内容（2），测量加了负反馈后的输入电压、无负载输出电压、有负载输出电压及信号源电压 U_i、U_{of}、U_{oLf}、U_s，并计算出有负反馈后的电压放大倍数、输出电阻及输入电阻 A_{uf}、r_{of}、r_{if}，填入表 2 - 3 中。

（5）观察负反馈对放大器非线性失真的改善。将放大器处于基本放大电路形式，输入信号频率不变，增大幅度，使放大器输出波形产生明显的非线性失真，画出此时的失真波形；保持输入不变，将放大器处于负反馈形式，画出此时的输出波形，并分析非线性失真的改善程度。

表 2-3　动态指标的测试结果

基本放大器	U_i	U_o	U_{oL}	U_s	A_u	r_o	r_i
电压串联反馈放大器	U_i	U_{of}	U_{oLf}	U_s	A_{uf}	r_{of}	r_{if}

3. 总结

负反馈放大器改善电路性能。引入了负反馈后，可使放大器的很多性能得到改善。主要是提高电路的稳定性，改变电路的输入、输出电阻，改善电路的非线性失真等。因此负反馈在各种放大器电路中应用十分广泛。实验中通过测量两级基本阻容放大器和负反馈放大器，对其性能参数进行比较，体会负反馈对于改善放大器各项性能所起的作用。

4. 实训要求

（1）整理数据，完成表格；

（2）根据测量、观察的结果，总结出负反馈对放大器的哪些性能有影响，各是如何影响的。

任务三　前置放大电路的制作与调试

【任务目标】

（1）熟悉前置放大电路的工作原理；

（2）掌握元器件的检测方法；

（3）能够根据原理图对元器件进行合理布局；

（4）掌握电路的调试方法。

一、前置放大电路组成框图

前置放大电路组成框图如图 2-28 所示。

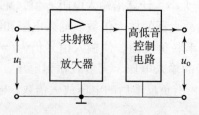

图 2-28　前置放大电路组成框图

二、前置放大器内部电路

前置放大电器内部电路如图 2 - 29 所示。

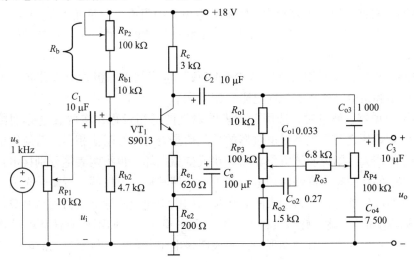

图 2 - 29　前置放大器内部电路

三、元器件清单

元器件清单如表 2 - 4 所示。

表 2 - 4　元器件清单

名称	规格型号	数量/个	名称	规格型号	数量/个
VT_1	S9013	1	R_c	3 kΩ	1
R_{P1} 电位器	10 kΩ	1	R_{e1}	620 Ω	1
R_{P2} 电位器	100 kΩ	1	R_{e2}	200 Ω	1
R_{P3} 电位器	100 kΩ	1	R_{o1}	10 kΩ	1
R_{P4} 电位器	100 kΩ	1	R_{o2}	1.5 kΩ	1
R_{b1}	10 kΩ	1	R_{o3}	6.8 kΩ	1
R_{b2}	4.7 kΩ	1	C_e	100 μF/25 V	1
$C_1 \sim C_3$	10 μF/25 V	各 1	C_{o2}	0.27	1
C_{o1}	0.033	1			
C_{o3}	1 000	1	C_{o4}	7 500	1
备注	（1）未标出功率的电阻一律为 1/4 W； （2）图中 R_{P2} 可采用微调电位器； （3）未标出单位的电容值带小数点的，其单位为 μF； （4）未标出单位的电容值不带小数点的，其单位为 pF				

四、任务实施步骤

1. 检测元器件

（1）检测电阻器，用万用表检测电阻器和电位器的阻值，记录在表2－5中。

（2）检测电解电容，用万用表欧姆挡"×100 Ω"量程检测，记下指针偏转位置，记录在表2－5中。

（3）检测三极管，用万用表欧姆挡"×1 kΩ"量程判别三极管电极分布情况，测出各三极管的发射结和集电结的正、反向电阻，记录在表2－5中。

（4）检测电位器，测量时，选用万用表欧姆挡的适当量程，将两表笔分别接在电位器两个固定的引脚焊片之间，先测量电位器的总阻值是否与标称阻值相同。若测得的阻值为无穷大或比标称阻值大，则说明该电位器已开路或变值损坏。再将两表笔分别接电位器中心头与两个固定端中的任一端，慢慢转动电位器手柄，使其从一个极端位置旋转至另一个极端位置。对于正常的电位器而言，万用表的表针指示的电阻值应从标称阻值（或0 Ω）连续变化至0 Ω（或标称阻值）。整个旋转过程中，表针应平稳变化，而不应有任何跳动现象。若在调节电阻值的过程中，表针有跳动现象，则说明该电位器存在接触不良的故障。

表2－5　元器件测量记录

由色环写出标称阻值			由阻值写出相应的色环（色码）		
标称阻值	色环	测量值	标称阻值	色环	测量值
620 Ω			4.7 kΩ		
200 Ω			6.8 kΩ		
3 kΩ			10 kΩ		
电位器测量（一边测一边缓慢均匀地调节旋钮）	固定端之间阻值大小及变化情况		固定端与中间滑片间阻值的变化情况		
			阻值平稳变化		阻值突变
由数码写出电容器的标称电容值			由标记写出该电容器的电容值		
数码	电容值	数码	电容值	标记	电容值	标记	电容值
100		684		1n		100n	
101		151		2m2		3n3	
333		104		6n8		339	
三极管 S9013 检测	发射结正向电阻		集电结正向电阻		
	发射结反向电阻		集电结反向电阻		
很小容量的电容测量（5 000 pF 以下）	万用表指针是否有明显偏转（思考原因）				
较小容量电容测量（0.01～0.47 μF）	用"×100 Ω"量程或"×1 kΩ"量程指针是否明显偏转		用"×10 kΩ"量程指针是否明显偏转		

续表

大容量电容测量 （220～2 200 μF）	用"×10 kΩ"量程指针 退回速度如何	为节约检测时间应该 用哪一量程较好	正向测量和反向 测量有何差别

2. 组装电路

（1）根据电路图挑选元器件。

（2）设计元器件布局。元器件布局可参考如图 2 - 30 所示的布局。

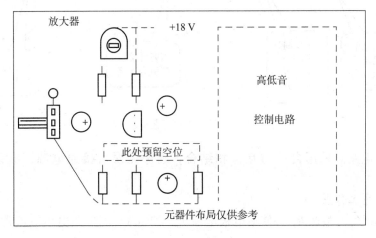

图 2 - 30　元器件布局

（3）在电路板上组装并焊接如图 2 - 30 所示电路，要求元器件排布整齐、便于测量、无错焊、无漏焊、焊点可靠。将元器件引脚统一弯成如图 2 - 31 所示，要求各类元器件尺寸统一，便于组装电路。

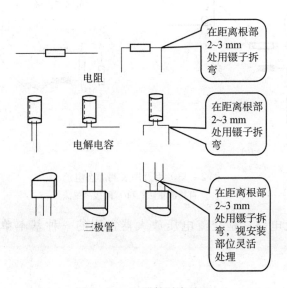

图 2 - 31　元器件引脚处理

若元器件引脚表面有氧化，应先清除氧化层，然后搪锡，再插元器件、焊接、剪脚、连线。可参考如图 2 – 32 所示的焊接工艺要求。两个焊点间的连线，距离长一些的可用剪下来的元器件脚连接，距离短的可用拖拉焊锡的方法连接，可视具体情况灵活处理。

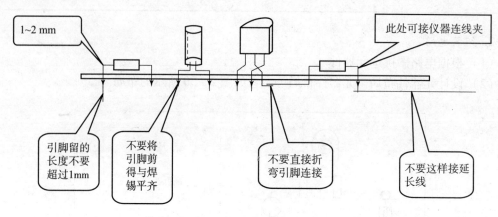

图 2 – 32　焊接工艺要求

（4）检查电路。采用自检与互检相结合，确保无误后接通电源，准备调整静态工作点。

3. 调整静态工作点

（1）用小螺丝刀微调 R_{P2}，使集电极电流 $I_{CQ} = 2$ mA。测量集电极电流常用下面两种方法，如图 2 – 33 所示。

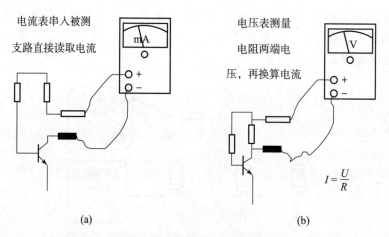

图 2 – 33　用万用表测静态电流
（a）直接测量法；（b）间接测量法

分压偏置式放大电路，是交流电压放大器常用的一种基本单元电路，如图 2 – 34 所示。

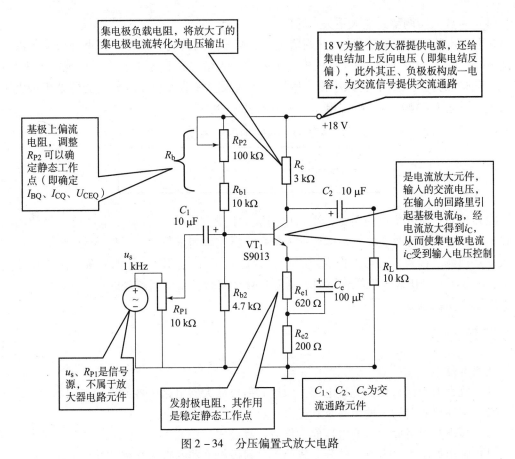

图 2 - 34 分压偏置式放大电路

（2）测量静态工作点，并填入表 2 - 6 中。

表 2 - 6 放大器的静态工作点

放大器的静态工作点			$I_{BQ} = \dfrac{I_{CQ}}{\beta} / \mu A$
V_{CC}/V	I_{CQ}/mA	U_{CEQ}/V	（设 $\beta = 10$）
12			

4. 测量电压放大倍数 A_u

示波器的红夹接负载电阻上端，黑夹接地（在测量过程中，示波器的任务是监视放大器输出电压，所有测量都是在不失真输出状态下进行的）。调节信号源音频输出至较大，调节 R_{P1}，使放大器输入信号的有效值在 10 mV 左右（用毫伏表测量，红夹接 C_1 任一端，黑夹接地，量程调至 30 mV），将毫伏表量程调到 3 V 或 10 V，红夹移至输出端，测 C_2 任一端，读输出电压值，换算电压放大倍数 A_u，填入表 2 - 7 中。

表 2 - 7 电压放大倍数

U_i/mV	U_o/mV	A_u

（1）将放大器调整到最大不失真状态。

在上一步基础上，调节 R_{P1}，逐渐增大输入信号，观察输出波形，当上部或下部波形出现削顶时，调节 R_{P2}，使失真现象消失。再增大输入信号，直至上、下都出现波形削顶时，调 R_{P2} 使削顶的宽度相同，再减小输入信号，使削顶刚好消失。此时放大器即处于最大不失真状态。用毫伏表测输入、输出电压，并填入表 2 – 8 中。

表 2 – 8　测量电压放大倍数

U_i/mV	U_o/mV	A_u

（2）选做：研究集电极负载电阻对电压放大倍数的影响。在测量电压放大倍数的实验基础上，改变 R_c，可改变放大器电压放大倍数，再比较测量数据，得出结论。

（3）回顾。在调整静态工作点过程中，曾遇到了什么问题？是如何解决的？在使用示波器、信号源、毫伏表及稳压电源时，遇到了什么问题，是如何解决的？

5. 总结实验报告

项目测评

1. 思考题

（1）放大器为什么要加偏置电压？叙述共射极放大器电路中各元件的作用。

（2）简述放大器的 3 种组态及其各自特点。

（3）写出共射极放大器的电压放大倍数计算公式。

（4）画出如图 2 – 35 所示的分压式偏置共射极放大器的直流通路和交流通路。

2. 实训报告

（1）默画下面两种电路图。

①共射极放大器。

②简单 OTL 功放电路。

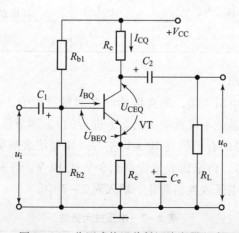

图 2 – 35　分压式偏置共射极放大器电路

（2）简述如图 2 – 36 所示的 OTL 功放电路的工作过程。

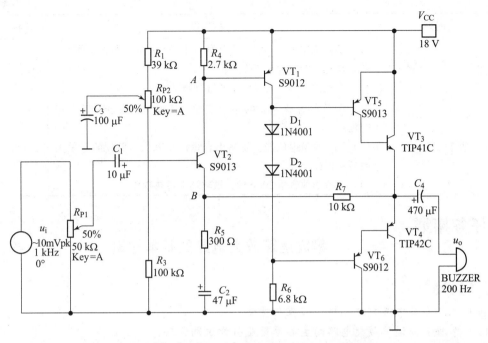

图 2-36 OTL 功放电路

（3）按表 2-9 测量 OTL 功放电路，并将测试数据记录于表中。

表 2-9 OTL 功放电路的测量

测量参数	I_{CQ1}/mA	U_{AB}/V	U_i/V	U_o/V
参数值				
参数含义				

三、项目评价

考核内容	考核标准	考核等级
装配与焊接工艺	（1）元器件引脚处理符合工艺要求； （2）布局合理、排列整齐； （3）无漏装、错装、极性接反等错误； （4）焊点大小均匀、光滑圆润、焊锡用量适中	
电路分析	（1）掌握并充分理解 OTL 功放电路的结构和工作原理； （2）能熟练地阅读电路图，并明确电路中各元器件的作用； （3）掌握 OTL 功放电路中的主要元器件的参数要求，并能正确选用参数合适的元器件	

续表

考核内容	考核标准	考核等级
电路调试与检测	(1) 能熟练用单手操作方法测量 OTL 功放电路的静态工作点； (2) 能熟练调整静态工作点； (3) 会运用常用仪表对放大器进行测试	
功能实现	(1) 调节前置放大器的相应旋钮，使音量、高音、低音有变化； (2) 调节音量电位器，使输出音量由小到大，播放的音乐无明显失真； (3) 连续播放音乐 20 分钟，散热器无过热现象	

任务拓展

集成运算放大电路的基本知识

【任务目标】

(1) 熟悉集成运算放大电路的组成及特点；
(2) 掌握集成运算放大电路的主要参数及引脚识别方法；
(3) 了解通用集成运放的结构及工作原理；
(4) 掌握集成运放工作的两个区域及特点；
(5) 掌握如何选用集成运放的方法及使用时的注意事项；
(6) 熟悉集成运放的各种运算电路。

一、集成运算放大器的组成及其特点

1. 集成运算放大器的组成

集成运放具有体积小、重量轻、价格低、使用可靠、灵活方便、通用性强等优点，是模拟集成电子电路中最重要的器件之一，近几年得到了迅速的发展。集成运放种类型号众多，但基本结构归纳起来通常由 4 部分组成，分别是输入级、中间级、输出级和偏置电路，其组成原理框图如图 2 – 37 所示。

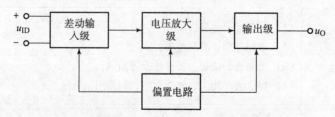

图 2 – 37　集成运算放大器的内部组成原理框图

1）输入级

输入级是提高运算放大器质量的关键部分，要求其输入电阻高，为了能减小零点漂移和抑制共模干扰信号，输入级都采用具有恒流源的差动放大电路，也称差动输入级。

2）中间级

中间级的主要作用是提供足够大的电压放大倍数，故而也称电压放大级。要求中间级本

身具有较高的电压增益。

3）输出级

输出级的主要作用是输出足够的电流以满足负载的需要，同时还需要有较低的输出电阻和较高的输入电阻，以起到将放大级和负载隔离的作用。除此之外，电路中还设有过载保护电路，用以防止输出端短路或负载电流过大时烧坏管子。

4）偏置电路

偏置电路的作用是为各级提供合适的工作电流，确定各级静态工作点。一般由各种恒流源电路组成。

2. 集成运算放大器的外形、电路中的图形符号和引脚功能

集成运放的外形有双列直插式、扁平式和圆壳式 3 种，如图 2-38 所示。

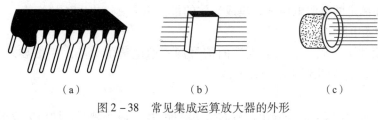

（a）　　　　　　　　（b）　　　　　　　　（c）

图 2-38　常见集成运算放大器的外形

（a）双列直插式；（b）扁平式；（c）圆壳式

集成运放的第一级都是采用差动放大电路。所以，集成运放有两个输入端，分别由两个输入端加入信号，在电路的输出端得到相位不同的信号，一个为反相关系，一个为同相关系，所以把这两个输入端分别称为同相输入端（用"＋"表示）和反相输入端（用"－"表示），其符号如图 2-39 所示。

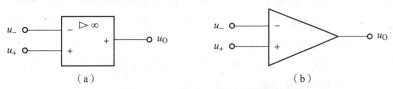

（a）　　　　　　　　　　　　　　　（b）

图 2-39　集成运放图形符号

（a）国际标准符号；（b）通用符号

F007 型集成运放的外形如图 2-40 所示。如图 2-40（a）所示顶视图中的引脚编号是逆时针排列的，对照图（b），各引脚功能为：1、5 为外接调零电位器，2 为反相输入端；3 为同相输入端；4 为外接负电源；6 为输出端；7 为外接正电源；8 为空脚。

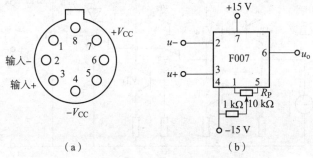

（a）　　　　　　　　　　　　　（b）

图 2-40　F007 运放的顶视图和引脚排列

（a）F007 运放的顶视图；（b）F007 运放的外引脚排列

3. 集成运算放大器的主要参数

集成运算放大器的性能可用一些参数来表示，为了合理地选用并正确地使用运放，必须了解各主要参数的意义。

1）开环差模电压放大倍数 A_{od}

A_{od} 指集成运放在无外加反馈的情况下的差模电压放大倍数，即

$$A_{od} = \frac{u_O}{u_{ID}}$$

对于集成运放而言，希望 A_{od} 大且稳定。目前高增益的集成运放器件的 A_{od} 可高达 140 dB （10^7 倍）。

2）最大输出电压 U_{OPP}

U_{OPP} 是指在额定的电源电压下，集成运放的最大不失真输出电压的峰值。

3）差模输入电阻 r_{id}

r_{id} 的大小反映了集成运放的输入端向信号源索取电流的大小。一般要求 r_{id} 越大越好，普通型集成运放的 r_{id} 为几百千欧至几兆欧。

4）输出电阻 r_o

r_o 的大小反映了集成运放在输出信号时带负载能力。r_o 越小越好，理想集成运放的 r_o 为零。

5）共模抑制比 K_{CMRR}

共模抑制比反映了集成运放对共模输入信号的抑制能力，K_{CMRR} 越大越好，理想集成运放 K_{CMRR} 为无穷大。

4. 通用型集成运放介绍

如图 2-41 所示为通用型集成运放 μ741 的简化电路原理图。图中 VT_1、VT_3 和 VT_2、VT_4 组成共集 - 共基组合差分电路，VT_5、VT_6 组成有源负载，构成双端变单端电路。VT_7、VT_8 组成复合管共发射极放大电路中间级，由于采用有源负载，故该级可获得很高的电压增益。输出级由 D_1、D_2、$VT_9 \sim VT_{11}$ 组成典型的甲乙类互补对称功率放大电路，VT_9 构成推动级，VT_{10}、VT_{11} 构成互补对称输出级。

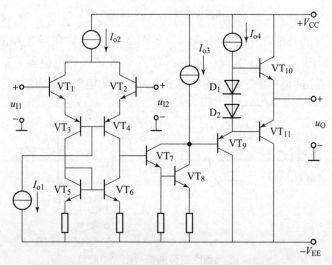

图 2-41　通用型集成运放 μ741 简化的内部电路

二、集成运放工作的两个区域

在分析运放时，为了使问题分析简化，通常把实际运放看成是一个理想元件。所谓理想运放就是将集成运放的各项技术指标理想化，即

（1）开环电压放大倍数 $A_{\text{od}} = \infty$；

（2）开环输入电阻 $r_{\text{id}} = \infty$；

（3）开环输出电阻 $r_{\text{od}} = 0$；

（4）共模抑制比 $K_{\text{CMRR}} = \infty$；

（5）有无限宽的频带。

由于实际运放的参数非常接近理想运放的条件，所以把集成运放看成是理想元件，对其进行电路分析、计算的结果是满足工程要求的。在各种应用电路中，集成运算放大器的工作范围可能有两种情况，即工作在线性区或非线性区，集成运放电压传输特性如图2-42所示。下面分别介绍集成运放工作在这两个区域的特点。

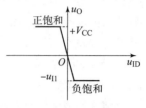

图2-42　运算放大器的
电压传输特性

1. 理想运放工作在线性区的特点

当集成运放工作在线性区域时，其输出电压与两个输入端的电压之间存在着线性放大关系，即

$$u_{\text{O}} = A_{\text{od}} u_{\text{ID}} = A_{\text{od}}(u_+ - u_-)$$

因为理想运放 $A_{\text{ud}} = \infty$，而输出 u_{O} 是一个有限值，所以有 $u_+ = u_-$。即理想运放的同相输入端与反相输入端的电位相等，好像这两个输入端短路一样，这种现象称为"虚短"。

由于理想运放 $r_{\text{id}} = \infty$，因此在其两个输入端均可以认为没有电流输入，即

$$i_+ = i_- = 0$$

此时，集成运放的同相输入端和反相输入端的输入电流都等于零，如同这两个输入端内部被断开一样，所以将这种现象称为"虚断"。

【结论】理想运放工作在线性区的特点：

（1）$u_+ = u_-$，存在"虚短"现象；

（2）$i_+ = i_- = 0$，存在"虚断"现象。

2. 理想运放工作在非线性区的特点

如果集成运放的输入信号超出一定范围，则输出电压不再随输入电压线性增长，而将达到饱和。

理想运放工作在非线性区时，输出电压 u_{O} 具有两值性：或等于运放的正向最大输出电压 $+U_{\text{OPP}}$，或等于运放的负向最大输出电压 $-U_{\text{OPP}}$。

当 $u_+ > u_-$ 时，$u_{\text{O}} = +U_{\text{OPP}}$；

当 $u_+ < u_-$ 时，$u_{\text{O}} = -U_{\text{OPP}}$。

在非线性区内，运放的差模输入电压可能很大，即 $u_+ \neq u_-$，此时，电路的"虚短"现象将不复存在。

在非线性区内，虽然集成运放两个输入端的电位不等，但因为理想运放的输入电阻 $r_{\text{id}} = \infty$，故"虚断"现象仍存在。

【结论】理想运放工作在非线性区的特点：

(1) 输出电压 u_o 具有两值性，不存在"虚短"现象；

(2) $i_+ = i_- = 0$，存在"虚断"现象。

三、集成运放的发展与选用

随着电子工业的飞速发展，集成运放经历了 4 代更新，其性能越来越趋于理想化。从电路结构上，除了有晶体管电路外，还有 CMOS 电路、BiCMOS 电路等，还制造出某方面性能特别优秀的专用集成运放，以适应多方面的需求。下面按性能不同简单介绍几种专用集成运放及其适用场合。

1. 集成运放的发展

1) 高精度型

高精度集成运放具有低失调、低温漂、低噪声和高增益等特点，其开环差模增益和共模抑制比均大于 100 dB，失调电压和失调电流比通用型运放小两个数量级，因而也称之为低漂移集成运放。高精度型集成运放适用于对微弱信号的精密检测和运算，常用于高精度仪器设备中。

2) 高阻型

具有高输入电阻的运放称为高阻型集成运放，其输入级均采用场效应管或超 β 管（其 β 值可达千倍以上），输入电阻可在 10^{12} Ω 以上。高阻型集成运放适用于测量放大电路、采样保持电路等。

3) 高速型

高速型集成运放具有转换速率高、单位增益带宽高的特点。产品种类很多，转换速率从几十伏每微秒到几千伏每微秒，单位增益带宽多在 10 MHz 以上。适用于 A/D 转换器和 D/A 转换器、锁相环和视频放大器等电路。

4) 低功耗型

低功耗型集成运放具有静态功耗低、工作电源电压低等特点，其他方面的性能与通用型运放相当，其电源电压为几伏，功耗只有几毫瓦，甚至更小。低功耗型集成运放适用于能源有限的情况，如空间技术、军事科学和工业中的遥感遥测等领域。

5) 高电压型

高电压型集成运放具有输出电压高或输出功率大的特点，通常需要高电源电压供电，适用于高电源电压供电的场合。

除通用型和上述特殊型集成运放外，还有为完成特定功能的集成运放，如仪表用放大器、隔离放大器、缓冲放大器、对数/指数放大器等；具有可控性的集成运放，如利用外加电压控制增益的可变开环差模增益集成运放、通过选通端选择被放大信号通道的多通道集成运放等。而且随着新技术、新工艺的发展，还会有更多的产品出现。

EDA 技术的发展对电子电路的分析、设计和实现产生了革命性的影响，人们越来越多地自己设计专用芯片。可编程模拟器件的产生，使得人们可以在一个芯片上通过编程的方法来实现对多路模拟信号的各种处理，如放大、滤波、电压比较等。可以预测，这类器件还会进一步发展，其功能会越来越强，性能也会越来越好。

2. 集成运放的选用

了解集成运放基本性能指标的物理意义是正确选用和使用集成运放的基础。在组成集成运放应用电路时，首先应查阅手册，根据所应用的场合选定某一种或几种型号的芯片，并通过厂家提供的详细资料，进一步了解其性能特点、封装方式以及每个芯片中含有的集成运放的个数。不同型号的芯片，在一个芯片上可能有一个、两个或 4 个集成运放。应当指出，在无特殊需要的情况下，一般应选用通用型运放，以获得满意的性能价格比。

3. 集成运放的静态调试

通常，在使用集成运放前要粗测集成运放的好坏。可以用万用表的欧姆挡的"×100 Ω"量程或"×1 kΩ"量程，以避免电压或电流过大，对照引脚排列图测试有无短路和断路现象，然后将其接入电路。

由于失调电压和失调电流的存在，集成运放输入为零时输出往往不为零。对于内部没有自动稳零措施的运放，需根据产品说明外加调零电路，使之输入为零时输出为零。调零电路中的电位器应为精密电阻。

对于单电源供电的集成运放，应加偏置电路并设置合适的静态输出电压。通常，在集成运放两个输入端静态电位为二分之一电源电压时，输出电压应等于二分之一电源电压，以便能放大正、负两个方向的变化信号，且使两个方向的最大输出电压基本相同。

若电路产生自激振荡，即在输入信号为零时电路可输出有一定频率、一定幅值的交流信号，此时应在集成运放的电源端加去耦电容。有的集成运放还需根据产品说明外加消振电容。

如果还需要详细测试所关注的其他性能指标，可参阅有关文献。

4. 集成运放的保护电路

集成运放在使用中常因输入信号过大、电源电压极性接反、电源电压过高、输出端直接接地或接电源等原因而损坏。这些原因中有的使 PN 结击穿，有的使输出级功耗过大。因此，为使运放安全工作，可从 3 个方面进行保护。

1）输入保护

一般情况下，当运放工作在开环（即未引反馈）状态时，容易因差模输入电压过大而导致损坏；当运放工作在闭环（即引入反馈）状态时，容易因共模输入电压过大而导致损坏。

如图 2–43（a）所示是防止差模电压过大的保护电路，由于二极管的作用，集成运放的最大差模输入电压幅值被限制在二极管的导通电压 $\pm U_D$ 范围内。如图 2–43（b）所示是防止共模电压过大的保护电路，通过 $\pm V$ 和二极管的作用，集成运放的最大共模输入电压被限制在 $\pm (V + U_D)$ 范围内。

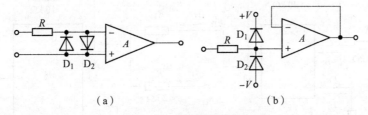

图 2–43 输入保护措施
（a）防止差模电压过大的保护电路；（b）防止共模电压过大的保护电路

2）输出保护

当集成运放输出端对地或对电源短路时，如果没有保护措施，集成运放内部输出级的管子将会因电流过大而损坏。如图 2–44 所示为输出端保护电路，限流电阻 R 与稳压管 D_Z 构成的限幅电路一方面将负载与集成运放输出端隔离开来，限制了运放的输出电流，另一方面也限制了输出电压的幅值。由于稳压管为双向稳压管，故输出电压最大幅值等于稳压管的稳定电压 U_Z。当然，任何保护措施都是有限度的，若将图2-44所示电路的输出端直接接在电源处，则稳压管会损坏，使电路的输出电阻大大提高，影响电路的性能。

3）电源端保护

为了防止因电源极性接反而损坏集成运放，可利用二极管单向导电性，将其串联在电源端实现保护功能，如图2-45所示。

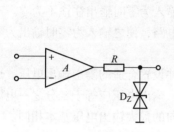

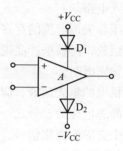

图2-44　输出端保护电路　　　　　　图2-45　电源端保护

四、集成运放的线性应用分析——运算电路

【想一想】为什么集成运放的线性应用必须引入负反馈？

采用集成运放实现对模拟信号的运算，必须引入深度负反馈。深度负反馈指当反馈深度 $|1+AF| \gg 1$ 时，负反馈放大电路的放大倍数为

$$A_f = \frac{A}{1+AF} \approx \frac{1}{F} \tag{2-5}$$

一般，当 $|1+AF| \geq 10$ 时，即可认为是深度负反馈，此时的运放电路称为深度负反馈放大电路。

下面以一实例来研究集成运放的线性运用——基本运算放大器。

【例3】求如图2-46所示电路的输出信号 u_O 与两个输入信号 u_{I1}、u_{I2} 之间的关系。

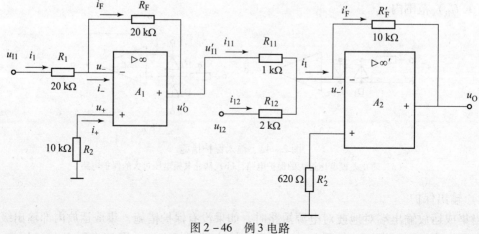

图2-46　例3电路

如图 2-46 所示电路是由两个集成运放构成的放大器，经分析可知电路引入的都是负反馈，而且由于集成运放的开环增益 A_{od} 非常大，所以引入的都是深度负反馈，这保证了集成运放工作在线性区。

1. 集成运放 A_1 构成的放大器的分析

1）反相比例放大器

如图 2-46 所示电路中集成运放 A_1 构成的是反相比例运算器。输入信号经 R_1 加至集成运放的反相输入端，R_F 为反馈电阻，把输出信号电压 u_0' 反馈到反相端，构成深度电压并联负反馈。

① "虚地" 的概念。

由于集成运放工作在线性区，有 $u_+ = u_-$、$i_+ = i_- = 0$，即流过 R_2 的电流值为零，则 $u_+ = u_- = 0$。说明反相端虽然没有直接接地，但其电位为地电位，相当于接地，即 "虚地"，因此加在集成运放输入端的共模输入电压很小。

② 电压放大倍数。

因为

$$i_1 = \frac{u_{I1} - u_-}{R_1}; \ i_F = \frac{u_- - u_0'}{R_F}$$

又因为 "虚断"，有

$$i_1 = i_F$$

即

$$\frac{u_{I1} - u_-}{R_1} = \frac{u_- - u_0'}{R_F}$$

又因为 "虚地"

$$u_- = 0$$

所以将上式整理得

$$u_0' = -\frac{R_F}{R_1} u_{I1}$$

电压放大倍数为

$$A_{1uf} = \frac{u_0'}{u_{I1}} = -\frac{R_F}{R_1} \tag{2-6}$$

即输出电压与输入电压的相位相反，$|A_{1uf}|$ 决定于电阻 R_F 和 R_1 之比，而与集成运放的各项参数无关。根据电阻取值的不同，$|A_{1uf}|$ 可以大于 1，也可以小于 1。当 $R_F = R_1$ 时，$A_{1uf} = -1$，此时的电路称为反相器，用于在数学运算中实现变号运算。

③ 输入、输出电阻。

输入电阻为

$$r_i = \frac{u_{I1}}{i_1} = R_1$$

电路的输出电阻很小，可以认为

$$r_o = 0$$

反相比例运算器输入电阻不高，输出电阻很低。

【**注意**】 为了使集成运放中的差动放大电路的参数保持对称，应使两个差分对管的基极对地电阻尽量一致，因此，要选择 $R_2 = R_1 // R_F$，故而 R_2 也称为平衡电阻。

2）同相比例运算器

如果输入信号加到集成运放的同相输入端，反馈电阻接到其反相端，则构成了同相比例运算器，电路如图 2 – 47 所示。R_2 是平衡电阻，应保证 $R_2 = R_1 // R_F$。

根据电路结构及集成运放工作在线性区时的"虚短"和"虚断"的特点，可得电压放大倍数为

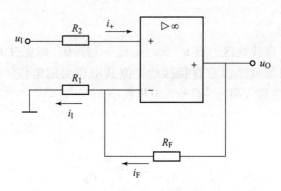

图 2 – 47　同相比例运算电路

$$A_{uf} = \frac{u_O}{u_I} = 1 + \frac{R_F}{R_1} \qquad (2 - 7)$$

$|A_{uf}|$ 值恒大于等于 1，所以同相比例运算放大电路不能完成比例系数小于 1 的运算。当将电阻取值为 $R_F = 0$ 或 $R_1 = \infty$ 时，显然有 $A_{uf} = 1$，这时的电路称为电压跟随器，在电路中用于驱动负载和减轻对信号源的电流索取。

同相比例运算器输入电阻很高，为

$$r_i = (1 + A_{od}F) r_{id}$$

F 是反馈系数

$$F = \frac{u_F}{u_O} = \frac{R_1}{R_1 + R_F}$$

电路的输出电阻很小，可以认为

$$r_o = 0$$

【**注意**】 同相比例运算放大电路是一个深度的电压串联负反馈电路。因为 $u_- = u_+ = u_I$，所以不存在"虚地"现象，在选用集成运放时要考虑到其输入端可能具有较高的共模输入电压，因此要选用输入共模电压高的集成运放器件。

2. 集成运放 A_2 构成的放大器的分析

集成运放 A_2 的反相输入端加入了多个输入信号，构成了反相加法运算器。R_2' 是平衡电阻，应保证 $R_2' = R_{11} // R_{12} // R_F'$。

因为

$$i_{11} + i_{12} = i_I$$

即

$$\frac{u'_{I1} - u'_-}{R_{11}} + \frac{u_{I2} - u'_-}{R_{12}} = i_1$$

又因为"虚断"，有

$$i_1 = i'_F = \frac{u'_- - u_O}{R'_F}$$

即

$$\frac{u'_{I1} - u'_-}{R_{11}} + \frac{u_{I2} - u'_-}{R_{12}} = \frac{u'_- - u_O}{R'_F}$$

又因为"虚地"，有

$$u'_- = 0$$

所以整理得

$$u_O = -\left(\frac{R'_F}{R_{11}}u'_{I1} + \frac{R'_F}{R_{12}}u_{I2}\right) \tag{2-8}$$

当 $R_{11} = R_{12} = R'_F$ 时，上式就成为

$$u_O = -(u'_{I1} + u_{I2})$$

实现了多个信号的反相求和。

将 R_{11}、R_{12}、R'_F 的阻值带入，得

$$u_O = -(10u'_{I1} + 5u_{I2})$$

因为刚才求得集成运放 A_1 构成的放大器的输出信号为 $u'_O = u'_{I1} = -u_{I1}$，将此式带入上式，所以如图 2-46 所示电路的输出电压为

$$u_O = -(-10u_{I1} + 5u_{I2})$$

从上式可以看出，采用反相比例运算器和反相求和运算器可以实现减法运算。

3. 积分和微分运算

集成运放构成的放大器不仅可以实现比例、加法和减法运算，还可以实现积分与微分运算。

1）积分运算

在反相比例运算电路中，用电容 C 代替 R_F 作为反馈元件，引入并联电压负反馈，就构成了积分运算电路，如图 2-48（a）所示。

由集成运放工作于线性区，故根据其"虚短"和"虚断"的特点，可列出

$$i_R = i_C = \frac{u_I}{R_1}$$

所以有

$$u_O = -u_C = -\frac{1}{C}\int i_C \mathrm{d}t = -\frac{1}{R_1 C}\int u_I \mathrm{d}t \tag{2-9}$$

式（2-9）说明，输出电压为输入电压对时间的积分，实现了积分运算，式中负号表示输出与输入相位相反。

积分电路除用于积分信号运算外，还可以实现波形变换，如图 2-48（b）所示，可将矩形波变成三角波输出。积分电路在自动控制系统中用以延缓过渡过程的冲击，使被控电动机的外加电压缓慢上升，避免其机械转矩猛增，造成传动机械的损坏。积分电路还常用来做显示器的扫描电路，以及模-数转换器、数学模拟运算等。

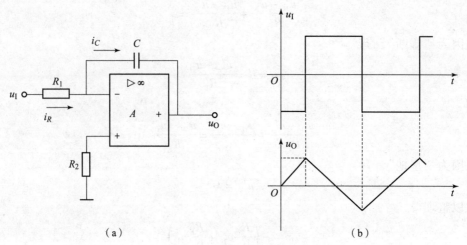

（a）   （b）

图 2 – 48　积分运算电路

（a）电路；（b）输入、输出波形

2）微分运算

将积分电路中的 R_1 和 C 互换，就可得到微分（运算）电路，如图 2 – 49（a）所示。在这个电路中，A 点为"虚地"，即 $u_A \approx 0$，再根据"虚断"的概念，$i_- \approx 0$，则 $i_R \approx i_C$。假设电容 C 的初始电压为零，那么

$$i_C = C\frac{\mathrm{d}u_{\mathrm{I}}}{\mathrm{d}t}$$

则输出电压为

$$u_{\mathrm{O}} = -i_R R = -RC\frac{\mathrm{d}u_{\mathrm{I}}}{\mathrm{d}t} \tag{2 – 10}$$

式（2 – 10）表明，输出电压为输入电压对时间的微分，且相位相反。

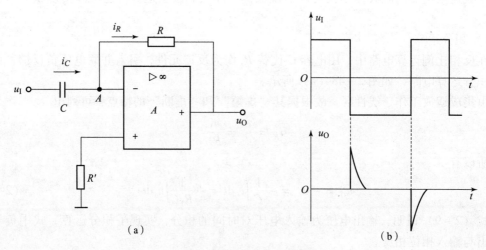

（a）   （b）

图 2 – 49　微分运算电路

（a）电路；（b）输入、输出波形

微分电路的波形变换作用如图 2 – 49（b）所示，可将矩形波变成尖脉冲波输出。微分电路在自动控制系统中可用作加速环节，例如，当电动机出现短路故障时，微分电路可起加

速保护作用，迅速降低其供电电压。

项目小结

通过本项目的学习，要求掌握的主要内容如下。

（1）放大器的分析包括静态分析和动态分析。静态分析是指对放大器的直流通路求 Q 点，检查直流条件是否满足三极管的放大条件，一般采用估算法；动态分析是指对放大器的交流通路求 A_u、r_i 和 r_o 等指标，用来衡量放大器对信号的放大能力，对于小信号放大器一般采用微变等效法。

（2）三极管放大器有 3 种组态。共发射极放大器的电压和电流放大倍数都较大，应用广泛；共集电极放大器的输入电阻高、输出电阻小、电压放大倍数接近 1，适用于信号的跟随；共基极放大器适用于高频信号的放大。

（3）多级放大器一般由 3 级组成，即输入级、中间级、输出级，各级担负不同的任务。对多级放大器而言，一般用分贝来衡量其增益。

思考及练习

一、填空题

1. 三极管有两个 PN 结，即＿＿＿＿结和＿＿＿＿结，在放大电路中＿＿＿＿结必须正偏，＿＿＿＿结必须反偏。

2. 三极管有＿＿＿＿型和＿＿＿＿型，前者的图形符号是＿＿＿＿，后者的图形符号是＿＿＿＿。

3. 三极管各电极电流的分配关系是＿＿＿＿＿＿＿＿＿＿＿＿＿＿＿＿＿＿＿＿＿＿。

4. 三极管的输出特性曲线可分为 3 个区域，即＿＿＿＿区、＿＿＿＿区和＿＿＿＿区。当三极管工作在＿＿＿＿区时，关系式 $I_{CQ} = \beta I_{BQ}$ 才成立；当三极管工作在＿＿＿＿区时，$I_{CQ} = 0$；当三极管工作在＿＿＿＿区时，$U_{CEQ} = 0$。

5. 工作在放大状态的三极管可作为＿＿＿＿器件，工作在截止状态和饱和状态的三极管可作为＿＿＿＿器件。

6. PNP 型三极管处于放大状态时，3 个电极中＿＿＿＿极电位最高，＿＿＿＿极电位最低。

7. 两级放大电路中第一级电压放大倍数为 100，第二极电压放大倍数为 60，则总的电压放大倍数为＿＿＿＿。

8. 多级放大电路常用的耦合方式有＿＿＿＿、＿＿＿＿和＿＿＿＿ 3 种形式。

9. 阻容耦合的缺点是＿＿＿＿＿＿＿＿＿＿＿＿＿＿＿＿＿＿＿＿＿＿＿。

10. 在多级放大电路里，前级是后级的＿＿＿＿，后级是前级的＿＿＿＿。

二、选择题

1. 三极管是一种（　　　）的半导体器件。

A. 电压控制　　　　　　B. 电流控制　　　　　　C. 既是电压控制又是电流控制

2. 当三极管工作在放大状态时，它的两个 PN 结必须是（　　　）。

A. 发射结和集电结同时正偏　　　　　　B. 发射结和集电结同时反偏

C. 集电结正偏，发射结反偏　　　　　　　　　D. 集电结反偏，发射结正偏

3. 有 3 只三极管，除 β 和 I_{CBQ} 不同外，其他参数一样，当三极管用作放大器件时，应选用（　　）的三极管为好。

A. $\beta = 50$，$I_{CBQ} = 0.5\ \mu A$　　　　　　　　B. $\beta = 50$，$I_{CBQ} = 2.5\ \mu A$

C. $\beta = 10$，$I_{CBQ} = 0.5\ \mu A$

4. 电压放大电路的空载是指（　　　　）

A. $R_c = 0$　　　　　　　B. $R_L = 0$　　　　　　C. $R_L = \infty$

5. 共射极放大电路的输入信号加在三极管的（　　　）之间。

A. 基极和发射极　　　　B. 基极和集电极　　　　C. 发射极和集电极

6. 共集电极放大电路的输出信号是取自于三极管的（　　　　）之间。

A. 基极和发射极　　　　B. 基极和集电极　　　　C. 发射极和集电极

7. 用万用表"$\times 1\ k\Omega$"的欧姆挡测量一只能正常放大的三极管，若用红表笔接触一只引脚，黑表笔接触另两只引脚时测得的电阻均较大，则该三极管是（　　　）。

A. NPN 型　　　　　　　B. PNP 型　　　　　　C. 无法确定

8. 两级放大器中当各级的电压增益分别是 20 dB 和 40 dB 时，总的电压增益应为（　　　）。

A. 0 dB　　　　　　　　B. 0 dB　　　　　　　　C. 800 dB　　　　　　　D. 20 dB

9. 当在单级共射放大电路的射极回路中加入射极电阻 R_e 时，将使电压放大倍数（　　　）。

A. 增大　　　　　　　　B. 不变化　　　　　　C. 下降　　　　　　　　D. 小于 1

10. 在阻容耦合放大器中，耦合电容的作用是（　　　）。

A. 隔断直流，传送交流　　　　　　　　　B. 隔断交流，传送直流

C. 传送交流和直流　　　　　　　　　　　D. 隔断交流和直流

11. 欲将方波电压转换成三角波电压，应选用（　　　）运算电路。

A. 比例　　　　　　　　　　　　　　　　B. 加减

C. 积分　　　　　　　　　　　　　　　　D. 微分

12. 选用差分放大电路的主要原因是（　　　）。

A. 减小温漂　　　　　　　　　　　　　　B. 提高输入电阻

C. 稳定放大倍数　　　　　　　　　　　　D. 减小失真

13. 引入（　　　）反馈，可稳定电路的增益。

A. 电压　　　　　　　　　　　　　　　　B. 电流

C. 负　　　　　　　　　　　　　　　　　D. 正

三、问答题

1. 能否用两个二极管组成一个三极管？并阐述理由。

2. 为什么说三极管在放大区具有恒流源特性？

3. 要使三极管处于放大状态，在发射结和集电结上应如何加偏置电压？

四、计算题

1. 如图 2-9 所示放大电路，已知 $V_{CC}=12$ V，$r_{be}=0.8$ kΩ，$R_b=240$ kΩ，$R_c=2$ kΩ，$\beta=50$。求：

（1）电路的静态工作点。

（2）当负载 $R_L=2$ kΩ 时，电路的电压放大倍数。

2. 放大电路如图 2-14 所示，已知 $R_{b1}=36$ kΩ，$R_{b2}=12$ kΩ，$R_c=6$ kΩ，$R_e=1$ kΩ，$R_L=3$ kΩ，$V_{CC}=15$ V，$r_{be}=700$ kΩ。要求：

（1）画出交流等效电路或交流通路。

（2）计算放大电路的输入电阻。

（3）计算放大电路的电压放大倍数。

项目三

制作功率放大器

3.1 项目导入

功率放大器的应用范围极其广泛，各种型号的功放或包含功放电路的产品已进入了亿万家庭，本项目的实验内容为制作功率放大器，主要目的为深化对功率放大器的原理和特性的认识。

项目任务书

项目名称	制作功率放大器
教学目标	1. 知识目标 （1）了解 OTL 功率放大器的电路结构，能根据电路要求选取参数合适的元器件； （2）了解晶体三极管的工作参数和极限参数，掌握其运用规则，熟知大功率三极管的特点与选用原则； （3）理解 OTL 功率放大器工作原理，能根据电路的要求选用参数合适的三极管和其他器件； （4）熟悉电路中各元器件的作用，可默画出 OTL 功放电路； （5）理解各种集成功放电路原理，并能识读电路图，熟悉放大器的类别、特性和工作原理； （6）了解功放 IC 组装的排板、散热器的安装要求； （7）熟悉集成功率放大器的优点和应用，学会识别 IC 引脚。

续表

项目名称	制作功率放大器
教学目标	2. 技能目标 （1）可默画出简单 OTL 功率放大器的电路； （2）能熟练地根据电路图在万能电路板上进行元器件布局并焊接电路，能按照焊接动作要领进行焊接，并且焊点质量可靠； （3）熟练掌握静态工作点调整的方法； （4）熟练应用万用表对功率放大器进行检测； （5）将功放和在项目二中制作的前置放大器连接，掌握放音、调音、听音实验的操作； （6）熟悉应用集成 IC 组装成 OTL 或 OCL 放大器的方法，熟练使用常用仪器对电路进行测试
操作步骤	第一步 学习功率放大器的基础知识
	第二步 根据电路图，查阅有关资料，选择购买元器件
	第三步 组装电路
	第四步 检测和调试电路
	第五步 将在项目二中制作的前置放大器与功放连接，进行放音、调音、听音实验
	第六步 总结实验报告
任务要求	2～3 人为一组，协作完成任务

3.2 项目实施

任务一 设计功率放大器电路

【任务目标】

（1）理解低频功放的特点、分类和应用；

（2）掌握互补对称功率放大电路的工作原理；

（3）掌握功放管的复合与并联。

一、功率放大电路概述

前面已经介绍了各种放大器，但经过这些放大器处理的信号通常还不足以驱动负载正常工作，例如扩音机的扬声器或自动控制系统中的电动机。因此，在设计电路中要考虑的不仅是输出电压或电流的大小，还要求放大器要有一定的功率输出。这种以输出功率为主要目的的放大器称为功率放大器。前面所介绍的放大器主要是针对输出电压或电流有相当的放大能力，但其输出功率还是太小，通常都称为电压或电流放大器。无论哪种放大器，负载上都同时存在着输出电压、电流和功率，之所以有上述名称上的差别，主要为了强调功率输出的量要达到能直接驱动负载的程度。

功放既不是单纯追求输出高电压，也不是单纯追求输出大电流，而是追求在电源（直流）电压确定的情况下，输出尽可能大的功率。

1. 功率放大器的要求

（1）具有足够大的输出功率。为了获得足够大的输出功率，功放管的工作电压和电流要有足够大的幅度，其工作状态往往接近于极限状态，因此功率放大器是一种大信号处理放大器。

（2）效率要高。功率放大器的输出功率是由直流电源的能量转换而来的。由于功放管有一定的内阻，因此整个电路，特别是功放管存在着一定的损耗。所谓效率，就是负载得到有用信号功率与电源提供的直流功率的比值，用 η 表示，并且希望这个值尽可能大。

$$\eta = \frac{P_O}{P_E} \times 100\%$$

（3）失真要小。晶体管的特性曲线是非线性的，在小信号放大器中，信号的动态范围小，非线性失真可以忽略不计。但功率放大器中输入和输出信号的动态范围都很大，其工作状态也接近截止和饱和，远超出特性曲线的线性范围，故非线性失真越加显现。特别是对于测量系统和电声设备中，对非线性失真指标要求很高，因此必须设法减小线性失真。

（4）功放管要有较好的散热条件。功放管由于工作在大电流、高压的环境下，有相当大的功率消耗在管子集电结上，结温和管壳温度会变得很高。因此，散热就成为一个重要的问题。通常，功放管或含有功放管的器件（如各种 IC）都需要通过硅酯贴装在足够大的散热器上。

2. 功率放大器的分类

（1）按晶体管的工作状态，可以分为甲类、乙类和甲乙类，如图 3-1 所示。

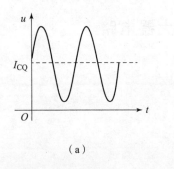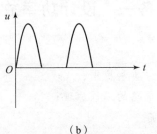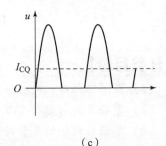

（a）　　　　　　　　　　（b）　　　　　　　　　　（c）

图 3-1　功率放大器的分类

（a）甲类；（b）乙类；（c）甲乙类

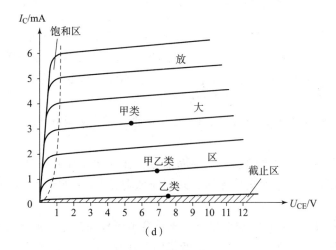

图 3 - 1　功率放大器的分类（续）

（d）工作点的位置

（2）按功放管选用的器件类型，可以分为晶体管（分立元件）功放、电子管功放（胆机）、集成电路功放、混合式功放。

以上功放各有特点。一般来讲，用晶体管分立元件制作功放，输出功率可以做得较大，但价格较高，工作点调整较复杂，音色相对较硬，较适合于节奏强烈的"快"音乐，如摇滚音乐；采用集成电路（IC）制作功放，输出功率不能做得很大，但价格较低，工作点免调试，性能稳定，音质较好；而采用电子管制作的功放，工作点调整较简单，但价格昂贵，音色纯厚、柔和、甜美，较适合欣赏乐器音乐或纯音乐，近年来被许多音乐发烧友追捧。

（3）按电路的结构形式常分为变压器输出式电路、OTL、OCL 和 BTL 电路。

二、功率放大器的常见电路

（一）变压器输出式电路

1. 电路组成

变压器输出式电路组成如图 3 - 2 所示，也称为变压器耦合乙类推挽功率放大电路。

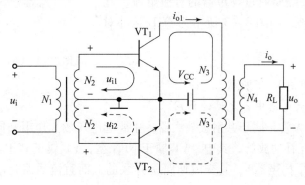

图 3 - 2　变压器耦合推挽功率放大器

2. 工作原理

（1）在输入信号 u_i 为正半周时，输入变压器的次级线圈得到上正下负的信号电压 u_{i1} 与 u_{i2}，根据三极管的偏置原理可知，此时三极管 VT_1 正偏导通，VT_2 反偏截止。在 VT_1 集电极回路产生的电流如图中所标的 i_{o1}，根据输出变压器的同名端的关系可知，在 u_i 输出变压器的次级将产生向下的电流 i_o，在负载中得到正半周输出电压 u_o。

（2）同理，在负半周时，三极管 VT_2 正偏导通，VT_1 反偏截止。在负载中得到负半周输出电压 u_o。

经三极管 VT_1 和 VT_2 放大的正、负半周信号，在输出变压器的次级线圈上合成一个完整的正弦波形。由于两功放管交替导通，共同完成对信号的放大，所以也称为推挽功率放大器。

由于变压器体积大、笨重、成本也高，不符合电子设备向轻、薄方向发展的趋势，因此上述电路几乎退出了历史舞台（早期的扩音机中多用这种电路），现在只是在胆机中仍然使用变压器输出电路。

（二）OTL 电路

用一个大容量电容取代了变压器（几百～几千微法的电解电容器）的功率放大器电路称为 OTL 电路（无输出变压器的功率电路 Output Transformerless）。

由于功率放大器的负载目前都是采用电动式扬声器，这就决定了扬声器的阻抗较小（一般为 8 Ω），因此如果不采用变压器进行阻抗变换，那么只有射极输出器容易和扬声器匹配；但如果采用单管射极输出放大正、负半周，则放大器必须要工作在甲类状态，这样无论是功放管还是扬声器都有很大的静态电流，这是不允许的。在组成无输出变压器的乙类推挽输出电路时，要解决"两管交替工作"和"输出波形合成"两个问题，首选射极输出的形式作为功率输出级。为了使放大器工作在乙类状态，在基极回路暂不引入偏流，可以利用晶体管具有 NPN 和 PNP 两种类型的特点，使 NPN 管负责正半周的功率放大，而 PNP 管负责负半周的功率放大，于是也就找到一种互补对称输出电路，包括 OTL、OCL、BTL 电路。首先来介绍 OTL 电路。

如果在一个大容量电容中，利用电容的充放电替一个电源，同时又隔断通过扬声器的直流电流，此时就构成了 OTL 电路，如图 3-3 所示为 OTL 互补对称电路结构。

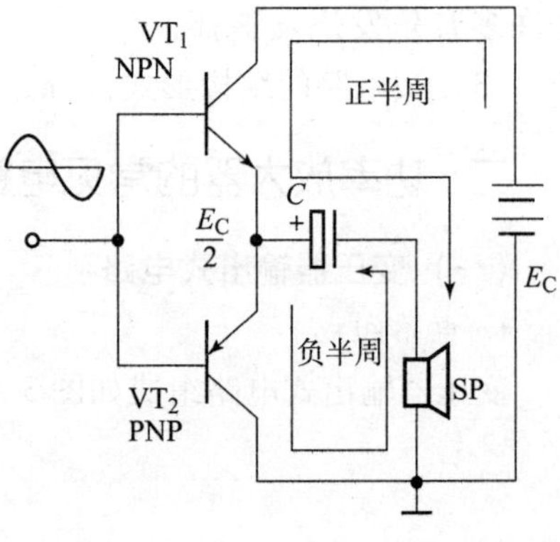

图 3-3　OTL 互补对称电路结构

1. 电路组成

OTL 电路组成如图 3-4 所示。

2. 典型 OTL 功放电路中各元件的作用

VT_1——电压放大管，属于共射极放大器，主要起电压放大作用（同时具有倒相作用）；

VT_2、VT_3——互补功放管，其中，VT_2 属于 NPN 型，VT_3 属于 PNP 型，构成射极输出器并共用一个负载（R_L 扬声器），其交流通路是并联的，而直流通路是串联的（每管分得总电压的一半）。

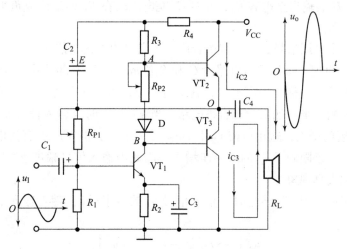

图 3-4 典型 OTL 功放电路

D、R_{P2}——组成双偏置电路（D 同时具有温度补偿作用），即由 VT_1 的集电极电流经过 D 和 R_{P2} 后产生的电压，供给 VT_2 和 VT_3 作为偏置电压，故称为双偏置电路。

C_1、C_4——分别是输入、输出耦合电容，具有通交隔直的作用；

C_3——射极旁路电容，也起通交隔直的作用，使得射极电阻 R_2 只具直流负反馈作用，而无交流负反馈作用，从而保证 VT_1 有一定的增益；

C_2、R_4——组成自举电路，以保证在输入信号幅度较大时不出现失真；

R_{P1} 和 R_1——构成分压式偏置电路，提供 VT_1 偏置电压，调节 R_{P1} 可以改变 VT_1 的集电极电流和输出端的静态电压大小，使其具有合适的静态工作点，同时使输出端的静态电压等于总电源电压的一半；

R_{P2}——是双偏置电压的微调电位器，调节 R_{P2} 可以使得 VT_2 和 VT_3 具有合适的静态工作点，尽可能消除交越失真。

R_3——是第一级放大器的集电极负反馈电阻，具有稳定 VT_1（以及 VT_2 和 VT_3）的静态工作点的作用。

3. 工作原理

（1）在输入信号的负半周，u_1 经 C_1 耦合到 VT_1 的输入端，被 VT_1 倒相放大从其集电极输出，使 A、B 点的电压上升，根据三极管的偏置原理可知，此时 VT_2 导通、VT_3 截止。VT_2 输出的信号电流 i_{C2} 由电源 V_{CC} 提供，经 VT_2 的 c、e 极输出至电容 C_4，自上而下通过负载 R_L 形成回路（并对 C_4 充电），信号 i_{C2} 在 R_L 两端形成正半周的输出信号，如图 3-5（a）所示。

图 3-5 输入负半周和正半周的输出波形

（2）在输入信号的正半周，u_1 经 C_1 耦合到 VT_1 的输入端，由 VT_1 倒相放大从其集电极输出，使 A、B 点的电压下降，根据三极管的偏置原理可知，此时 VT_3 导通、VT_2 截止。从

VT_3输出的信号电流i_{C3}输出至电容C_4，并对C_4充电。i_{C3}在R_L两端形成负半周的输出信号，如图3-5（b）所示。

以上放大的两个半周信号，在负载中合成一个完整的正弦波信号。

（3）自举升压原理。自举升压电路由C_4和R_4组成，C_4称为自举升压电容，其电容值较大，相当于一个电源；R_4称为隔离电阻，其阻值很小，直流压降也很小，故C_4两端的电压近似等于电源电压的一半。如果没有自举电路，当VT_2导通时（输入信号u_I的负半周），随着输入电压u_I幅度的增大，输出电流$i_{C2}\uparrow\rightarrow u_{CE2}\downarrow\rightarrow u_o\uparrow$，但$VT_2$的直流电位不能随$u_I$的增大而持续升高，于是限制了$i_{C2}$的进一步增大。因此当输入信号幅度进一步增大时，输出信号的顶部将出现失真现象。

加入自举电路后，当VT_2导通时（输入信号u_I的负半周），随着输入电压u_I幅度的增大，则有

$$u_A\uparrow\rightarrow i_{B2}\uparrow\rightarrow i_{C2}\uparrow\rightarrow u_o\uparrow$$

由于C_2两端的电压基本不变，故

$$u_o\uparrow\rightarrow u_E\uparrow\rightarrow u_A\uparrow\rightarrow i_{B2}\uparrow\rightarrow i_{C2}\uparrow$$

输出信号的幅度达到最大值，克服了输出信号的顶部失真。

R_4的作用是隔离C_2与电源V_{CC}，使C_2上端的电位u_E不被电源钳制，能随u_o的升高而同步升高。

4. 静态工作点的调整

1）调整原理

功放管的直流偏置由R_{P2}、D来设定，调节R_{P2}使功放管工作在甲乙类工作状态。R_{P2}、D同时又是第一级放大器的集电极电阻的一部分，当VT_1的静态电流I_{CQ1}流过R_{P2}、D时，即可在A、B两端产生上正下负的直流电压，该电压就是两功放管的静态偏置电压，称为双偏置电压。当两管为硅管时，U_{ABQ}应为1.4 V左右；当两管为锗管时，U_{ABQ}应为0.6 V左右。

由于调节R_{P1}会改变VT_1的集电极电流，而VT_1的集电极电流的变化将会改变R_{P2}、D两端的电压U_{ABQ}，故调节R_{P1}，即中点电压时，会影响功放管的工作点，而调节双偏置电压也会或多或少地影响中点电压，即中点电压U_{OQ}和双偏置电压U_{ABQ}的调节有一定的相互牵制。所以，在实际调整中，最好要反复操作1~2次。

2）调整方法

功放管的工作点调整主要是通过调节R_{P2}来实现的。R_{P2}过小，功放管工作点太低，将出现交越失真；R_{P2}过大，功放管静态电流过大，将会使功放管温升过高、效率降低，甚至烧坏功放管。

（1）应该注意，通电调整前，应该将R_{P2}调到最小值；

（2）粗调中点电压，一边调节R_{P1}，一边测量输出端的电压（两功放管发射极），使$U_{OQ}=\dfrac{V_{CC}}{2}$；

（3）调双偏置电压，一边缓慢地调大R_{P2}，一边测量U_{ABQ}，使U_{ABQ}为1.4 V左右（针对硅管）；

（4）将第（2）、（3）步反复进行1~2次。

（三）OCL 电路

在 OTL 电路中，输出电容并不是单纯地为了起到耦合信号的作用而设置，还为了实现单电源供电的功能。OTL 电路虽然实现了单电源供电，但由于输出电容的存在从而影响了放大器通频带的展宽。OCL 电路（无输出电容的功率放大电路 Output Capacitorless）在性能上优于 OTL 电路，在高保真音响中常被广泛采用。OCL 电路输出级如图 3－6 所示。

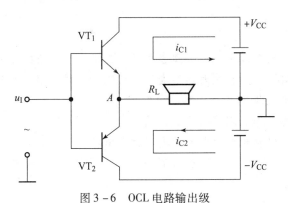

图 3－6　OCL 电路输出级

但是取消输出电容将带来新问题，一是需要采用双电源供电；二是当电路损坏时，将有很大的直流电流流过扬声器而烧坏它。采用 OCL 电路的中高档功放都需增加扬声器保护电路。

（四）功放管的复合与并联

1. 复合管

将小功率管与大功率管按一定规则连接在一起而组成的电路称为复合管。使用复合管，可以提高管子的电流放大倍数 β。适当采用异极性管复合，还可以改变大功率管的导电极性。在输出功率较大的功率放大器中，复合管被广泛应用，复合管的连接方式如图 3－7 所示。

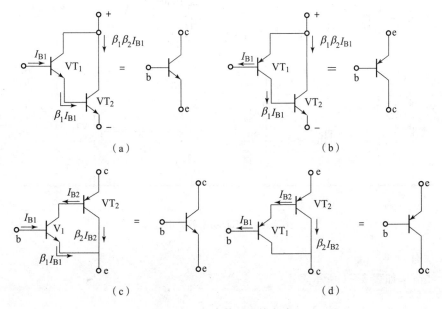

图 3－7　复合管的连接方式

（a）NPN 型；（b）PNP 型；（c）NPN 型；（d）PNP 型

2. 功放管的并联

在供电电源电压一定的情况下，采用并联功率管的方法，可以提高功率放大器的最大输出电流，从而提高功率放大器的输出功率。

任务二　制作 OTL 功率放大器

【任务目标】

（1）熟练测量和判别三极管极性、阻容元件，并根据电路图挑选元器件；

（2）熟练识读电路图，熟悉放大器的类别、特性和工作原理；

（3）可默画出简单 OTL 功率放大器的电路图；

（4）熟练掌握静态工作点调整的方法；

（5）熟练应用常用仪表测量放大器的电压放大倍数；

（6）将功放和在项目二中制作的前置放大器连接，掌握放音、调音、听音实验的操作。

1. OTL 功率放大电路

OTL 功率放大电路如图 3 – 8 所示。

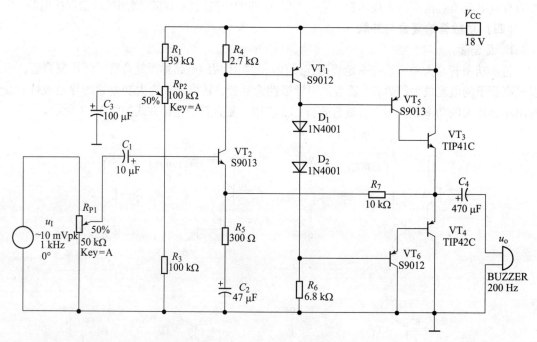

图 3 – 8　OTL 功率放大电路

2. 元器件清单

元器件清单如表 3 – 1 所示。

表 3-1　元器件清单

名称	规格型号	数量/个	名称	规格型号	数量/个	备注
VT_1，VT_6	S9012	各 1	VT_3	TIP41C	1	
VT_2，VT_5	S9013	各 1	VT_4	TIP42C	1	
D_1、D_2	1N4001	各 1	R_{P1}	50 kΩ 电位器	1	
R_7	10 kΩ	1	R_{P2}	100 kΩ 电位器	1	未标出功率的电阻一律为 1/4 W；R_{P2} 采用微调电位器
R_6	6.8 kΩ	1	C_1	10 μF/16V	1	
R_5	300 Ω	1	C_2	47 μF/16V	1	
R_4	2.7 kΩ	1	C_3	100 μF/25V	1	
R_3	100 kΩ	1	C_4	470 μF/25V	1	
R_1	39 kΩ	1				

3. 检测元器件

（1）检测电阻器。用万用表检测电阻器和电位器，并记录在表 3-2 中。

（2）检测电解电容。用万用表欧姆指"×100 Ω"量程检测，记下指针偏转位置，并记录在表 3-2 中。

（3）检测三极管：用万用表欧姆挡"×1 kΩ"量程判别电极分布情况，测出各三极管的发射结和集电结的正、反向电阻，并记录在表 3-2 中。

（4）检测电位器：测量时，选用万用表欧姆挡的适当量程，将两表笔分别接在电位器两个固定引脚焊片之间，先测量电位器的总阻值是否与标称阻值相同。若测得的阻值为无穷大或比标称阻值大，则说明该电位器已开路或变值损坏。

表 3-2　元器件技能训练表

由色环写出标称阻值			由阻值写出相应的色环（色码）		
标称阻值	色环	测量值	标称阻值	色环	测量值
100 Ω			2.7 kΩ		
300 Ω			6.8 kΩ		
39 kΩ			10 kΩ		

电位器测量（一边测一边缓慢均匀地调节旋钮）	固定端之间阻值大小及变化情况	固定端与中间滑片间阻值的变化情况	
		阻值平稳变化	阻值突变

由数码写出电容器的标称容量				由标记写出该电容器的电容量			
数码	电容量	数码	电容量	标记	电容量	标记	电容量
100		684		1n		100n	
101		151		2m2		3n3	
333		104		6n8		339	

续表

三极管 S9012 检测	发射极正向电阻		集电结正向电阻	
三极管 S9013 检测	发射极反向电阻		集电结反向电阻	
470 μF 大容量电容测量 (220~2 200 μF)	"×10 kΩ"挡指针退回速度如何？	为节约检测时间应该用哪一挡较好？	正向测量和反向测量有何差别？	
训练体会				

然后再将两表笔分别接电位器中心头与两个固定端中的任一端，慢慢转动电位器手柄，使其从一个极端位置旋转至另一个极端位置。正常的电位器，万用表表针指示的电阻值应从标称阻值（或 0 Ω）连续变化至 0 Ω（或标称阻值）。整个旋转过程中，表针应平稳变化，而不应有任何跳动现象。若在调节电阻值的过程中，表针有跳动现象，则说明该电位器存在接触不良的故障。

4. 组装电路

（1）根据电路图挑选出元器件。

（2）设计元器件布局，元器件布局可参考如图 3-9 所示布局。

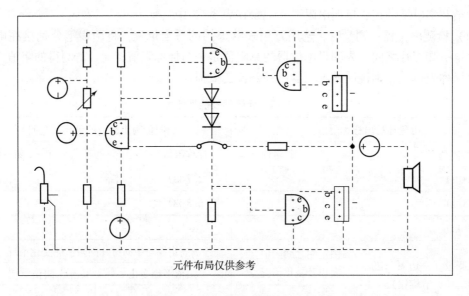

元件布局仅供参考

图 3-9 OTL 功放电路元器件布局

（3）在电路板上焊接如图 3-8 所示电路。要求元器件排布整齐，便于测量，无锡焊、无漏焊，焊点可靠。将元器件引脚统一弯成如图 2-31 所示，要求各类元件尺寸统一，以便于安装。

若元器件引脚表面有氧化，应先清除氧化层，然后搪锡。再插入电路板、焊接、剪脚、连线。焊接工艺要求可参考图 2-32。

【注意】两个焊点间的连线，距离长一些的可用剪下来的元件脚连接，距离短的可用拖拉焊锡的方法连接，可视具体情况灵活处理。

（4）检查电路。采用自检与互检相结合的方法，确保无误后接通电源准备调整静态工作点。

5. 调整静态工作点

（1）用小螺丝刀微调 R_{P1}，使集电极电流 $I_{CQ} = 2$ mA。测量集电极电流常用如图 2 - 33 所示两种方法。

（2）测量静态工作点，并填入表 3 - 3。

表 3 - 3　放大器的静态工作点

放大器的静态工作点			$I_{BQ} = \dfrac{I_{CQ}}{\beta}/\mu A$ 设 $\beta = 100$
V_{CC}/V	I_{CQ}/mA	U_{CEQ}/V	
18			

6. 测量电压放大倍数 A_u

（1）示波器上红夹接负载电阻上端，黑夹接地（在测量全过程中，示波器的任务是监视放大器输出电压，所有测量都是在不失真输出状态下进行的），调节信号源音频输出至较大，调节 R_{P1}，使放大器输入信号在 10 mV 左右（用毫伏表测量，红夹接 C_1 任一端，黑夹接地，量程调至 30 mV），将毫伏表量程调到 3 V 或 10 V，红夹移至输出端，测 C_2 任一端，读输出电压值，换算电压放大倍数 A_u。

（2）将放大器调整到最大不失真状态。在上一步基础上，调节 R_{P1}，逐渐增大输入信号，观察输出波形，当上部或下部波形出现削顶现象时，调节 R_{P2} 消除，再增大输入信号，直至上、下都出现波形削顶现象时，调 R_{P2} 使削顶的宽度相同，再减小输入信号，使削顶现象刚好消失。此时放大器即处于最大不失真状态。用毫伏表测输入、输出电压，并填入表 3 - 4 中。

表 3 - 4　测量电压放大倍数

U_i/mV	U_o/mV	A_u

（3）在调整静态工作点过程中，遇到了什么问题？如何解决的？

（4）在使用示波器、信号源、毫伏表及稳压电源时，遇到了什么问题，如何解决的？

7. 放音、调音、听音实验

将制作的 OTL 功率放大器与前置放大器连接，进行放音、调音、听音实验。

8. 总结实验报告

任务三　制作集成功率放大器

【任务目标】

（1）熟悉集成功率放大器的优点和应用，学会识别 IC 引脚的方法；

（2）熟悉各种集成功放电路，能识读电路图，熟悉放大器的类别、特性和工作原理；

（3）了解功放 IC 组装的排板、散热器的安装要求；

（4）掌握应用集成 IC 组装成 OTL 或 OCL 放大器的方法；

（5）熟练使用常用仪器对电路进行测试。

1. 集成功放电路概述

集成电路简称 IC（Integrated Circuit），是 20 世纪 60 年代发展起来的一种半导体器件，集成电路是在半导体制造工艺的基础上，将各种元器件和连线等集成在一片硅片上而制成的，因此密度高、引线短，极大减少了外部接线，从而提高了电子设备的可靠性和灵活性，同时降低了成本，开辟了电子技术的新时代。

集成电路按其功能的不同，可以分为数字集成电路和模拟集成电路两大类。数字集成电路是指其输入量和输出量为高低两种电平且具有一定逻辑关系的电路。数字集成电路以外的电路统称为模拟集成电路，主要处理的是模拟信号。

1）集成功放电路的优点

集成功率放大器具有体积小、重量轻、外围元件少、性能优良、安装调试方便等优点。双通道立体声功放的一致性好、电源电压范围宽、失真小、内设滤波和多种保护电路，并且使用灵活，可以组成 OTL、OCL，但使用时一般需外加散热器进行散热。

2）集成电路引脚的识别

集成电路的外形有多种形式，例如单列直插式、双列直插式、扁平式、圆壳式等。

各种不同的集成电路，其引脚有不同的识别标记和不同的识别方法，掌握这些标记及识别方法，对于使用、选购、测试集成电路是极为重要的。如图 3 – 10（b）、（c）、（d）所示的不同集成电路（IC），均有其不同的识别方法。

（1）缺口。在 IC 的一端有一半圆形或方形的缺口。

（2）凹坑、色点或金属片。在 IC 一角有一凹坑、色点或金属片。对于如图 3 – 10（a）所示的单列直插式，看正面（有字一面），第一个引脚附近有一圆点标记"●"或一圆点凹坑，从左斜角或圆点标记向右依次为 1 脚、2 脚、3 脚……

（3）无识别标记。在整个 IC 上无任何识别标记，一般可将 IC 型号面对自己，正视型号，从左下向右逆时针依次为 1、2、3……，即"正看反数"。

（4）有反向标志"R"的 IC。某些 IC 型号末尾标有"R"字样，如 HAXXXXAR。

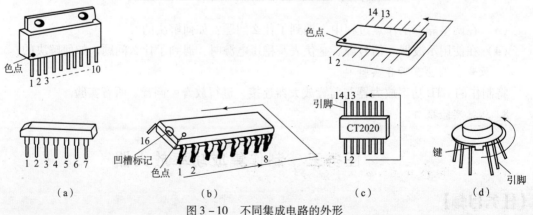

（a）　　　　　　　（b）　　　　　　　（c）　　　　　　　（d）

图 3 – 10　不同集成电路的外形

（a）单列直插式；（b）双列直插式；（c）扁平式；（d）圆壳式

3）集成电路的检测

集成电路常用的检测方法有非在线测量法、在线测量法和代换法。

①非在线测量法

非在线测量即在集成电路未焊入电路前，测量其各引脚之间的直流电阻值，并与已知完好的同型号集成电路各引脚之间的直流电阻值进行对比，以确定该集成电路是否完好。

②在线测量法

在线测量法是利用电压测量法、电阻测量法及电流测量法等，通过在电路上测量集成电路的各引脚对地电压值、电阻值和电流值是否正常，来判断该集成电路是否完好。

③代换法

代换法是用已知完好的同型号、同规格的集成电路来代换被测集成电路，来判断出该集成电路是否完好。

4）集成电路的应用

（1）TDA1521 集成 OCL 应用电路。如图 3 – 11 所示，TDA1521 为双通道 OCL 电路，可作为立体声扩音机左、右两个声道的功放。最大输出功率 $P_{OM} = 12\ W$，最大不失真输出电压 $U_{OM} = 9.8\ V$。

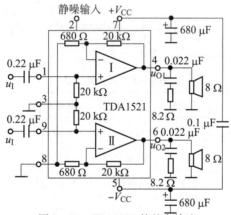

图 3 – 11　TDA1521 的基本接法

（2）TDA1556 集成 BTL 应用电路。TDA1556 为双通道 BTL 电路，可作为立体声扩音机左、右两个声道的功放，电路的基本接法如图 3 – 12 所示。

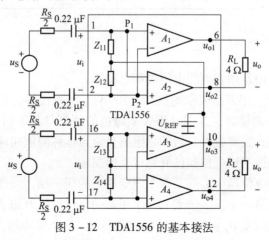

图 3 – 12　TDA1556 的基本接法

2. 集成功放电路及元器件清单

（1）集成功放电路如图 3-13 所示。

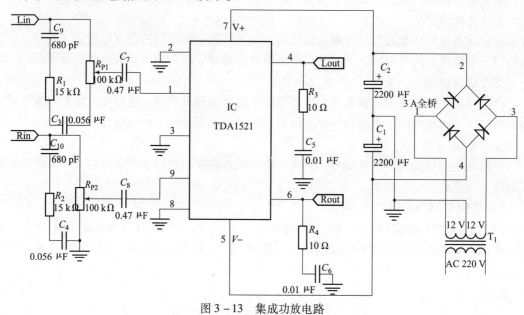

图 3-13　集成功放电路

（2）元器件清单如表 3-5 所示。

表 3-5　元器件清单

名　称	规格型号	数量	名　称	规格型号	数量	备　注
功放 IC	TDA1521	1	电阻器	10 Ω/1 W	2	未标出功率的电阻一律为 1/4 W；电位器最好购买双联电位器.
变压器	12 V/220 V，30 W	2	电阻器	15 kΩ	2	
全桥	3 A/50 V	1	电容器	0.01 μF	2	
电位器	100 kΩ/1 W	2	电容器	0.056 μF	2	
电容器	0.47 μF	2	电解电容	2 200 μF/25 V	2	
电容器	680 pF	2				

3. 任务实施步骤

1）检测元器件

（1）检测电阻器。用万用表检测电阻器和电位器。

（2）检测电解电容。用万用表欧姆挡"×100 Ω"量程检测，记下指针偏转位置。

（3）检测电位器。测量时，选用万用表欧姆挡的适当量程，将两表笔分别接在电位器两个固定引脚焊片之间，先测量电位器的总阻值是否与标称阻值相同。若测得的阻值为无穷大或比标称阻值大，则说明该电位器已开路或变值损坏。

再将两表笔分别接电位器中心头与两个固定端中的任一端，慢慢转动电位器手柄，使其从一个极端位置旋转至另一个极端位置。对于正常的电位器，万用表表针指示的电阻值应从标称阻值（或 0 Ω）连续变化至 0 Ω（或标称阻值）。整个旋转过程中，表针应平稳变化，而不应有任何跳动现象。若在调节电阻值的过程中，表针有跳动现象，则说明该电位器存在接触不良的故障。

2）组装电路

（1）根据电路图挑选参数合适的元器件。

（2）设计元器件布局。注意预留散热器的位置以及制订散热器的固定措施。

（3）两个焊点间的连线，距离长一些的可用剪下来的元器件脚连接，距离短的可用拖拉焊锡的方法连接，可视具体情况灵活处理。

（4）检查电路。采用自检与互检相结合的方法，确保无误后接通电源准备调整静态工作点。

3）调整整机静态工作点

4）放音、调音、听音实验

将制作的集成功率放大器与前置放大器连接，并进行放音、调音、听音实验。

5）总结实验报告

任务拓展
差分放大电路

【任务目标】

（1）掌握零漂（温漂）的概念；

（2）重点掌握差分放大电路的分析方法；

（3）掌握差分放大电路的输入、输出方式。

一个理想的直接耦合放大电路，当输入信号为零时，其输出电压应保持不变。实际上把直接耦合放大电路的输入端短接，在输出端也会偏离初始值，即有一定数值的无规则缓慢变化的电压输出，这种现象称为零点漂移，简称零漂。

引起零点漂移的原因很多，如晶体管参数随温度变化、电源电压的波动、电路元器件参数变化等，其中以温度变化的影响最为严重，所以零点漂移也称温漂。集成运算放大器采用直接耦合，在多级直接耦合放大电路的各级漂移中，以第一级的漂移影响最为严重。由于直接耦合，第一级的漂移被逐级传输放大，级数越多，放大倍数越高，在输出端产生的零点漂移越严重。由于零点漂移电压和有用信号电压共存于放大电路中，当输入信号较小时，两种信号很难分辨。如果漂移量大到足以和有用信号相比，放大电路就无法正常工作。因此，减小第一级的零点漂移是对于集成运算放大器的一个至关重要的问题。

一、基本差分放大电路

如图 3-14 所示是一种基本差分放大电路，VT_1 和 VT_2 是两个参数完全相同的晶体管，电路的

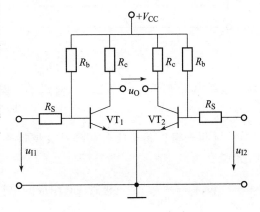

图 3-14 基本差分放大电路

其他元件参数也完全相同，电路结构完全对称。输入信号由两管的基极输入，输出电压从两管的集电极输出，$u_0 = u_{C1} - u_{C2}$。由于电路完全对称，所以两管的静态工作点也完全一样。

1. 静态分析

当输入信号为零，即 $u_{I1} = u_{I2} = 0$ 时，由于电路完全对称，两个晶体管 VT_1 和 VT_2 的集电极电流相等，集电极电位也相等，这时输出电压 $U_0 = U_{CQ1} - U_{CQ2} = 0$，实现了零输入零输出的要求。

2. 动态分析

当有信号输入时，输入的信号可分成共模信号、差模信号及不对称信号。

1）共模信号输入

如果加在 VT_1 和 VT_2 管的输入信号大小相等、极性相同，即 $u_{I1} = u_{I2} = u_{IC}$，则这种输入信号称为共模信号，如图 3–15（a）所示。

在共模信号的作用下，两管集电极的电位变化是同方向的，对于完全对称的差动放大电路，输出电压始终为零，故共模电压放大倍数（用 A_{uc} 表示）为 0。前面讲到的温漂现象实际上就相当于在输入端加一个共模信号，所以在工程上常用放大器对共模信号的抑制能力来表示放大器对温漂的抑制能力。

2）差模信号输入

如果将输入信号 u_{ID} 加在差动放大电路的两个输入端，使 VT_1 和 VT_2 管的输入信号电压大小相等，极性相反，即 $u_{I1} = u_{ID}/2$、$u_{I2} = -u_{ID}/2$，则这种输入信号称为差模信号，如图 3–15（b）所示。

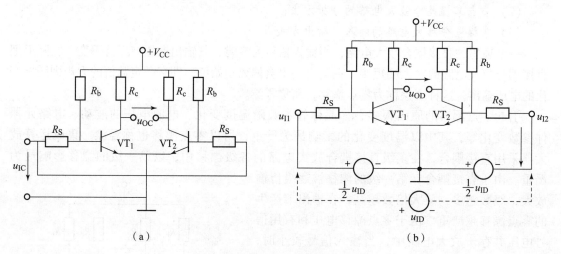

（a）　　　　　　　　　　　　　　　　（b）

图 3–15　差动放大电路的输入方式

（a）共模输入；（b）差模输入

【想一想】差动放大电路对共模信号具有抑制作用，那么对差模信号是否具有放大作用呢？

设 $A_{u1} = \dfrac{u_{O1}}{u_{I1}}$，是三极管 VT_1 组成的单管放大器的电压放大倍数。

设 $A_{u2} = \dfrac{u_{O2}}{u_{I2}}$，是三极管 VT_2 组成的单管放大器的电压放大倍数。

因为电路完全对称，所以

$$A_{u1} = A_{u2} = A_{u单}$$

差动放大电路的输出电压 u_O 为

$$u_O = u_{O1} - u_{O2} = A_{u1}u_{I1} - A_{u2}u_{I2} = A_{u单}(u_{I1} - u_{I2}) = A_{u单}u_{ID}$$

所以差模电压放大倍数 A_{ud}（为输出电压 u_O 与差模输入信号 u_{ID} 之比）为

$$A_{ud} = \frac{u_O}{u_{ID}} = \frac{A_{u单}u_{ID}}{u_{ID}} = A_{u单}$$

【结论】差动放大电路对差模信号具有放大作用，而且差模电压放大倍数等于一个单管放大器的电压放大倍数。

3）不对称信号输入

在实际中，差动放大电路的输入信号往往既不是共模信号，也不是差模信号，即 $u_{I1} \neq u_{I2}$。此时可将输入信号分解成一对共模信号和一对差模信号，它们共同作用在差动放大电路的输入端。

差模输入电压为

$$u_{ID} = u_{I1} - u_{I2}$$

共模输入电压为

$$u_{IC} = (u_{I1} + u_{I2})/2$$

差动放大电路的输出电压为

$$u_O = A_{ud}u_{ID} + A_{uc}u_{IC}$$

在实际工程中，要做得两个电路完全对称是不可能的。所以共模电压放大倍数不可能等于零。为了衡量一个电路放大有用的差模信号和抑制无用的共模信号的综合能力，引入了共模抑制比 K_{CMRR}，定义为

$$K_{CMRR} = \left| \frac{A_{ud}}{A_{uc}} \right|$$

或用分贝表示，即

$$K_{CMRR}(dB) = 20\lg \left| \frac{A_{ud}}{A_{uc}} \right|$$

一个理想的差动放大电路，$A_{uc} = 0$，故 K_{CMRR} 为无穷大，而对于一个实际的差动放大电路，显然共模抑制比越大越好，越大说明放大器抑制温漂的能力越强。

【想一想】基本的差分放大电路是如何抑制零漂的呢?

二、差动放大电路的改进

基本差动放大器由于其电路组成具有对称性，故可以把温漂完全抑制掉。然而在实际电路中做到电路组成完全对称是不可能的，另外基本差动放大电路每个管的集电极电位的漂移并未受到抑制，如果采用单端输出，则漂移根本无法抑制。因此，常采用如图 3-16 所示的长尾式差动放大电路，较基本差动放大电路多加了电位器、发射极电阻和负电源。

1. 长尾式差动放大电路

带公共 R_e 的差动式放大电路称为长尾式差动放大电路。下面分析 R_e 对共模电压放大倍

数和差模电压放大倍数的影响。

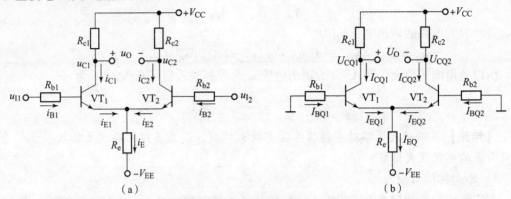

图 3 - 16　长尾式差动放大电路

（a）差动放大电路；（b）静态工作点的分析

1）静态分析

如图 3 - 16（b）所示，由于流过 R_e 的电流为 I_{EQ1} 和 I_{EQ2} 之和，又由于电路的对称性，则 $I_{EQ1} = I_{EQ2}$，流过 R_e 的电流为 $2I_{EQ1}$。

①静态工作点的估算。

$$V_{EE} = U_{BEQ1} + I_{EQ}R_e$$

所以

$$I_{EQ} = \frac{V_{EE} - U_{BEQ1}}{R_e}$$

因此，两管的集电极电流均为

$$I_{CQ1} = I_{CQ2} \approx \frac{V_{EE} - U_{BEQ}}{2R_e}$$

两管集电极对地电压为

$$U_{CQ1} = V_{CC} - I_{CQ1}R_{c1}, \ U_{CQ2} = V_{CC} - I_{CQ2}R_{c2}$$

可见，静态两管集电极之间的输出电压为零，即

$$U_O = U_{CQ1} - U_{CQ2} = 0$$

②稳定静态工作点的过程。

电路加入 R_e 后，当温度上升时，由于 I_{CQ1} 和 I_{CQ2} 同时增大→ I_{EQ} 增大→ U_{EQ} 增大→ U_{BEQ} 减小→ I_{BQ} 减小→ I_{CQ} 减小，从而稳定了 I_{CQ}，这一稳定过程实质上是一个负反馈过程。R_e 越大，工作点越稳定，但 R_e 过大会导致 U_{EQ} 过高，使静态电流减小，加入负电源 $-V_{EE}$ 可补偿 R_e 上的压降。

2）动态分析

① R_e 对差模信号的影响。

如图 3 - 17 所示，加入差模信号时由于 $u_{I1} = -u_{I2}$，则 $i_{E1} = -i_{E2}$，流过 R_e 的电流 $i_E = i_{E1} + i_{E2} = 0$。对差模信号来讲，$R_e$ 上没有信号压降，即 R_e 对差模电压放大倍数没有影响。

差模电压放大倍数

$$A_{ud} = \frac{u_{OD}}{u_{ID}} = \frac{u_{O1} - u_{O2}}{u_{I1} - u_{I2}} = \frac{2u_{O1}}{2u_{I1}} = \frac{u_{O1}}{u_{I1}} = A_{ud1}$$

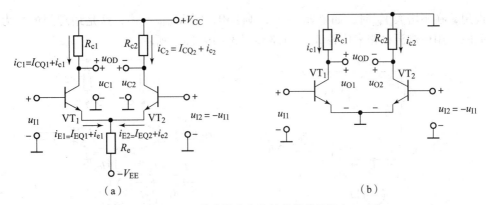

图 3-17　差分放大电路的差模信号输入

(a) 差模信号输入；(b) 差模信号交流通路

【结论】差分放大电路双端输出时的差模电压放大倍数等于单管的差模电压放大倍数。

输入电阻 $r_i = 2r_{be}$

输出电阻 $r_o \approx 2R_c$

② R_e 对共模信号的影响。

如图 3-18 所示，当电路中加入共模信号时，由于 $u_{I1} = u_{I2}$，则 $i_{E1} = i_{E2}$，流过 R_e 的电流 $i_E = i_{E1} + i_{E2} = 2i_{E1}$，$u_E = 2i_{E1}R_e$，对于共模信号可以等效成每管发射极接入 $2R_e$ 的电阻。

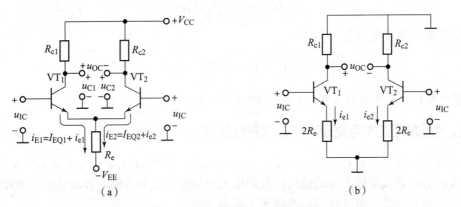

图 3-18　差分放大电路共模信号输入

(a) 共模信号输入；(b) 共模信号交流通路

共模电压放大倍数为

$$A_{uc} = -\beta \frac{R_c}{R_S + r_{be} + 2(1 + \beta)R_e}$$

其中，R_S 为电源内阻。

【结论】R_e 使共模电压放大倍数减小，而且 R_e 越大，A_{uc} 越小，K_{CMRR} 越大。

2. 具有恒流源的差动放大电路

通过对带 R_e 的差动式放大电路的分析可知，R_e 越大，K_{CMRR} 越大，但增大 R_e，相应的 V_{EE} 也要增大。显然，使用过高的 V_{EE} 是不合适的。此外，R_e 直流能耗也相应增大。所以，靠增大 R_e 来提高共模抑制比是不现实的。

设想，在不增大 V_{EE} 时，如果 $R_e \to \infty$，$A_{uc} \to 0$，则 $K_{CMRR} \to \infty$，这是最理想的。为解决这个问题，用恒流源电路来代替 R_e，电路如图 3 – 19（a）所示。

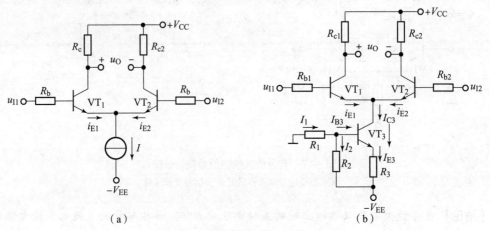

（a）   （b）

图 3 – 19　具有恒流源的差动放大电路

（a）射极接恒流源共模信号输入；（b）实际电路之一

在如图 3 – 19（b）所示电路中，在一定的条件下，VT_3、R_1、R_2、R_3 就可以构成恒流源。若电阻 R_2 中的电流 I_2 远远大于 VT_3 管的基极电流 I_{B3}，则 $I_1 \approx I_2$，R_2 上的电压

$$U_{R_2} \approx \frac{R_2}{R_1 + R_2} V_{EE}$$

VT_3 管的集电极电流为

$$I_{C3} \approx I_{E3} = \frac{U_{R_2} - U_{BE3}}{R_3}$$

【想一想】典型差分放大电路是如何抑制零漂的？

三、差动式放大电路的输入、输出方式

由于差动式放大电路有两个输入端、两个输出端，所以信号的输入和输出有 4 种方式，这 4 种方式分别是双端输入双端输出、双端输入单端输出、单端输入双端输出、单端输入单端输出。根据不同需要可选择不同的输入、输出方式。

1. 双端输入双端输出

电路如图 3 – 20 所示，其中，差模电压放大倍数为

$$A_{ud} = -\beta \frac{R_L'}{R_S + r_{be}}$$

其中

$$R_L' = R_c // (R_L/2)$$

输入电阻为

$$r_i = 2 (R_S + r_{be})$$

输出电阻为

$$r_o = 2R_c$$

此电路适用于输入、输出不需要接地，对称输入、对称输出的场合。

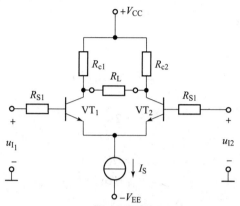

图 3 - 20 双端输入双端输出电路

2. 单端输入双端输出

如图 3 - 21 所示，信号从一只三极管（指 VT_1）的基极与地之间输入，另一只三极管（指 VT_2）的基极接地，表面上似乎两管不是工作在差动状态，但是若将发射极公共电阻 R_e 换成恒流源，那么，i_{C1} 的任何增加将等于 i_{C2} 的减少，也就是说，输出端电压的变化情况将和差动输入（即双端输入）时一样。此时，VT_1、VT_2 管的发射极电位 u_E 将随着输入电压 u_I 而变化，变化量为 $u_I/2$，于是，VT_1 管的 $u_{BE} = u_I - u_I/2 = u_I/2$，$VT_2$ 管的 $u_{BE} = 0 - u_I/2 = -u_I/2$。这样来看，单端输入的实质还是双端输入，因此可以将其归结为双端输入的问题。所以，A_{ud}、r_i、r_o 的估算与双端输入双端输出的情况相同。此电路适用于单端输入转换成双端输出的场合。

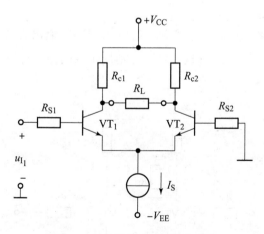

图 3 - 21 单端输入双端输出电路

3. 单端输入单端输出

如图 3 - 22 所示为单端输入单端输出的接法。信号只从一只三极管的基极与地之间接入，输出信号只从一只三极管的集电极与地之间输出，输出电压只有双端输出的一半，电压放大倍数 A_{ud} 也只有双端输出时的一半。即

$$A_{ud} = -\beta \frac{R'_L}{2(R_c + r_{be})}$$

其中

$$R'_L = R_c // (R_L/2)$$

输入电阻为

$$r_i = 2r_{be}$$

输出电阻为

$$r_o \approx R_c$$

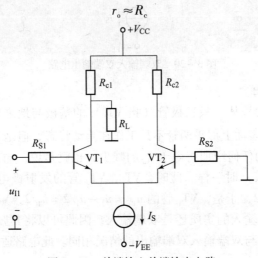

图 3-22　单端输入单端输出电路

4. 双端输入单端输出

如图 3-23 所示电路,其输入方式和双端输入相同,输出方式和单端输出相同,A_{ud}、r_i、r_o 的计算和单端输入单端输出相同。此电路适用于双端输入转换成单端输出的场合。

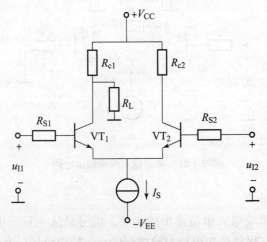

图 3-23　双端输入单端输出电路

从几种电路的接法来看，只有输出方式对差模放大倍数和输入、输出电阻有影响，不论哪一种输入方式，只要是双端输出，其差模放大倍数就等于单管放大倍数，单端输出差模电压放大倍数为双端输出的一半。

实训

音频功率放大器电路的仿真

1. 实训目的

（1）了解音频功率放大器电路的结构和工作原理；

（2）掌握利用 Multisim 仿真软件对低频功率放大器进行电路仿真的步骤；

（3）通过仿真测试，掌握音频功率放大部分电路参数，学会 OTL 功率放大器的调整方法；

（4）掌握借助 Multisim 仿真软件进行电路设计和元器件选取的方法。

2. 实训步骤

（1）在 Multisim 软件环境中绘制出 OTL 音频功率放大电路，如图 3 - 24 所示，注意元器件标号和各个元器件参数的设置。

（2）双击如图 3 - 24 中的示波器 XSC2 图标，按图 3 - 25 进行参数设置；

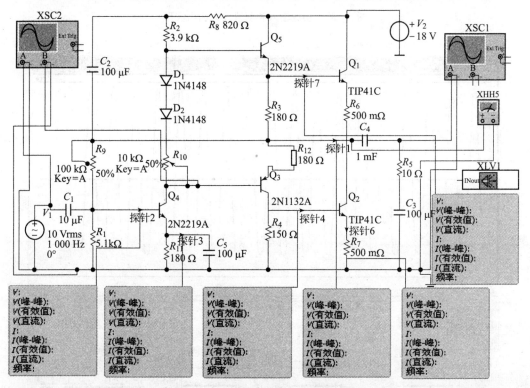

图 3 - 24 音频功率放大器仿真电路

（3）打开仿真开关，就可以观察如图 3 - 25 和图 3 - 26 所示的各种待测波形，并记录数据。

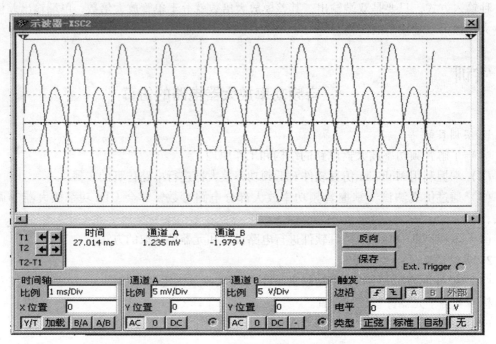

图 3 – 25　功放输入和前置放大输出波形

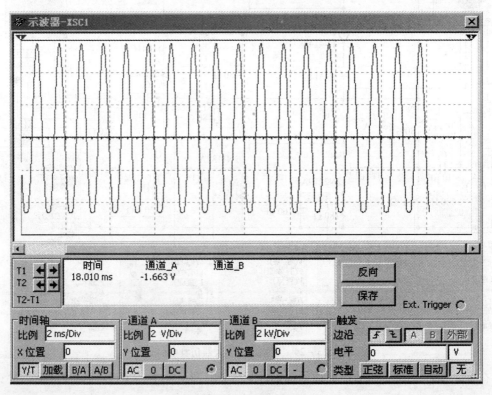

图 3 – 26　功放输出波形

3．说明

（1）Q_4、C_1、C_2、C_5、R_9、R_1、R_2、R_{11} 共同组成共发射极组态的电压放大器，其中 C_1 是输入耦合电容，R_1、R_9 是基极偏置电阻，R_{11} 是发射极电阻，R_2 是集电极负载电阻，C_5 是发射极旁路电容。Q_1、Q_2、Q_3、Q_5 共同组成 OTL 互补对称功率放大电路，使输入信号在前置电压放大的基础上实现功率放大。

（2）静态条件下调节 R_9，可以使电容 C_4 左端电压为直流电源电压的一半。

4．实训要求

（1）按照以上步骤绘制电路图，并正确设置元器件和仪器仪表的参数。

（2）仿真出正确的波形，并了解波形的含义。

（3）在熟悉电路原理的基础上，改变部分元器件的参数值，并自拟表格，将结果填入其中，比较仿真结果的异同。

（4）保存仿真结果，并完成实训报告。

项目小结

1．功率放大器的作用是提供符合要求的交流功率，因此主要考虑的是失真度要小、输出功率要大、三极管的损耗要小、效率要高。主要技术指标是输出功率、管耗、效率、非线性失真等。

2．互补对称功率放大电路（OCL、OTL）是由两个管型相反的射极输出器组合而成。

3．差分放大电路是被广泛使用的基本单元电路，对差模信号具有较大的放大能力，对共模信号具有很强的抑制作用，即差分放大电路可以消除由于温度变化、电源波动、外界干扰等具有共模特征的信号所引起的输出误差电压。差分放大电路的输入输出连接方式有 4 种，可根据输入信号源和负载电路的特点灵活应用。

4．集成功率放大器是由集成运算放大器发展而来的，其内部电路组成同集成运算放大器类似，不过集成功放的输出级输出功率大、效率高。另外，为了保证元器件在大功率状态下安全可靠地工作，集成功放中还设有过流、过压及过热保护电路等。集成功率放大器在使用时只要按其典型应用电路接线即可。

思考及练习

一、填空题

1．功率放大电路的最大输出功率是在输入电压为正弦波时，输出基本不失真的情况下，负载上可能获得的最大_____。

A．交流功率　　　　　　B．直流功率　　　　　　C．平均功率

2．功率放大电路的转换效率是指_____。

A．输出功率与晶体管所消耗的功率之比

B．最大输出功率与电源提供的平均功率之比

C．晶体管所消耗的功率与电源提供的平均功率之比

3．在 OCL 乙类功放电路中，若最大输出功率为 1 W，则电路中功放管的集电极最大功耗约为_____。

A. 1 W   B. 0. 5 W   C. 0. 2 W

二、判断题

1. 在功率放大电路中，输出功率越大，功放管的功耗越大。   （　　）

2. 功率放大电路的最大输出功率是指在基本不失真的情况下，负载上可能获得的最大交流功率。   （　　）

3. 当 OCL 电路的最大输出功率为 1 W 时，功放管的集电极最大耗散功率应大于 1 W。

                                                              （　　）

4. 功率放大电路与电压放大电路、电流放大电路的共同点是

（1）都使输出电压大于输入电压。   （　　）

（2）都使输出电流大于输入电流。   （　　）

（3）都使输出功率大于信号源提供的输入功率。   （　　）

5. 功率放大电路与电压放大电路的区别是

（1）前者比后者电源电压高。   （　　）

（2）前者比后者电压放大倍数大。   （　　）

（3）前者比后者效率高。   （　　）

（4）在电源电压相同的情况下，前者比后者的最大不失真输出电压大。   （　　）

6. 功率放大电路与电流放大电路的区别是

（1）前者比后者电流放大倍数大。   （　　）

（2）前者比后者效率高。   （　　）

（3）在电源电压相同的情况下，前者比后者的输出功率大。   （　　）

三、分析题

1. 电路如图 3 - 27 所示。在出现下列故障时，分别产生什么现象。

（1）R_1 开路；（2）D_1 开路；（3）R_2 开路；（4）VT_1 集电极开路；（5）R_1 短路；（6）D_1 短路。

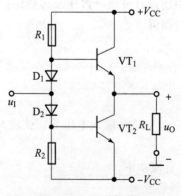

图 3 - 27 项目三习题用图（1）

2. 如图 3 - 28 所示为两个带自举的功放电路。试分别说明在输入信号的正半周和负半周时功放管输出回路电流的通路，并指出哪些元器件起自举作用。

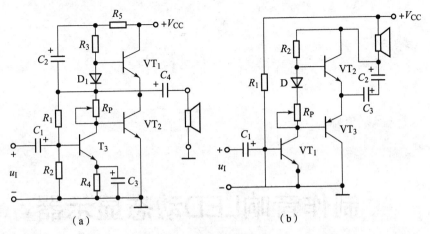

图 3 – 28　项目三习题用图（2）

项目四

制作音响LED动态显示器

4.1 项目导入

音响 LED 动态显示器作为一个辅助电子设备，常应用于日常家用电子电器中，为家用电器的使用（如音响、电视）带来绚丽多彩、变化无穷的视觉享受。

如图 4-1 所示是一个音响 LED 动态显示器内部电路，设计、制作音响 LED 动态显示器的目的是掌握 LED 动态显示电路的构成与工作原理，能根据实际应用需求进行合适的电路选取、元器件选择、测量、装配，最终制作出完整的，并且具有实用价值的电子电路成品。本项目包括两个任务，即制作音响 LED 电平显示器和制作 LED 频谱显示器。通过此项目的学习可深化对于电子基础知识的理解，并锻炼基本的电子应用能力。

项目任务书

项目名称	制作音响 LED 动态显示器
项目目标	1. 知识目标 （1）了解音频电信号构成与特征； （2）熟悉交流信号检波（倍压整流）处理的方法； （3）掌握 LED 发光机理及基本应用，理解三极管电流驱动应用的原理； （4）了解传声器应用知识； （5）掌握电路焊接组装的基本技能，并按照原理图自行在实验电路板上完成基础电路的焊接制作。

项目名称	制作音响 LED 动态显示器
教学目标	2. 技能目标 （1）掌握查阅电子电路元器件手册的方法，能根据电路功能与要求选用参数合适的元器件或可替代使用的元器件来组建产品单元电路； （2）掌握根据实际应用要求对产品单元电路进行电路性能、功能、参数调整的方法，使电路满足较好产品的性能要求； （3）掌握识别与检测各元器件的好坏的方法
操作步骤	第一步　根据任务要求划分并确定所需的对应知识点
	第二步　学习与深化对应知识点的相关内容
	第三步　电路元器件参数查阅
	第四步　制作任务中的电路单元实物
任务要求	2～3 人为一组，协作完成任务

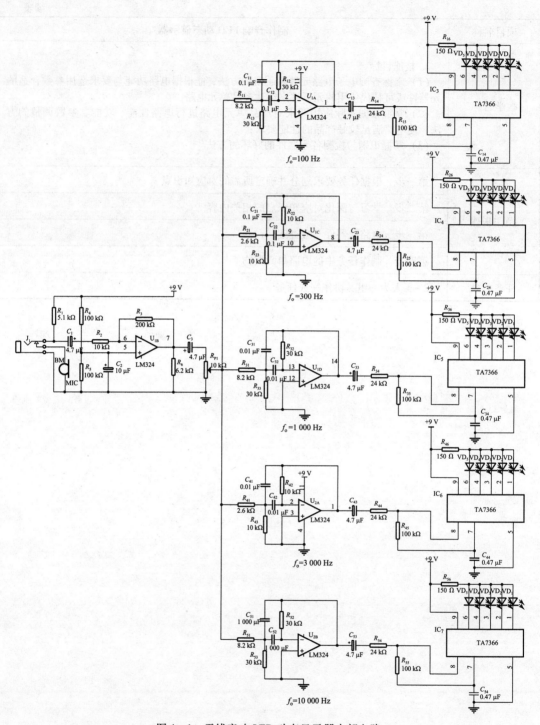

图 4-1　无线音响 LED 动态显示器内部电路

4.2　项目实施

任务一　制作 LED 电平显示器

【任务目标】

（1）了解音频交流信号构成与特征；

（2）熟悉 LED 发光机理及三极管电流驱动的应用；

（3）重点掌握交流信号的构成与特征；

（4）能够运用发光二极管的应用知识，按照电子产品生产标准，进行音响 LED 动态显示器的组装。

一、任务概述

1. LED 五段电平显示电路

如图 4 - 2 所示为 LED 五段电平显示电路。

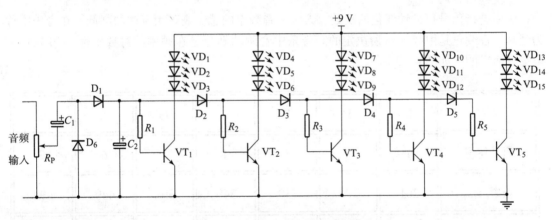

图 4 - 2　LED 五段电平显示电路

2. 预期目标

（1）熟练阅读电路，并可根据电路要求进行元器件的选取、检测处理；

（2）能对电路图进行信号流程分析、跟踪，掌握电路图的正确阅读方法；

（3）掌握必要的电路基本原理知识，培养分析电路和灵活应用的能力；

（4）掌握电子电路元器件的正确焊接、线材连接、电路板制作、电路检测、功能调整处理的方法；

（5）能对完整电路的制作进行评测，制订作品测试报告，并进行归纳总结。

【注意】此任务的制作是项目制作的第一部分，也是项目制作中要求学生必须掌握的基本单元电路，故对于此任务的学习与制作应给予足够的重视。

二、基本知识概述

根据电路对理论知识的要求与实际制作的需要，将与电路相关的基本知识划分为以下 5 个知识点来进行介绍。

（1）音频电信号。

（2）交流检波（倍压整流）。

（3）LED 简介。

（4）电流驱动应用。

（5）LED 驱动拓展。

1. 音频电信号

1）声音的基本概念

生活中所出现的声音是由于空气振动引起耳膜的振动，从而被人耳感知。声音的 3 个要素分别是音调、响度和音色。根据声音的特征，可把声音信息分为规则音频和不规则声音两类。其中规则音频又可以分为语音、音乐和音效。规则音频是一种连续变化的模拟信号，可用一条连续的曲线来表示，称为声波。声波或正弦波有 3 个重要参数，即频率 ω、幅度 A、和相位 ψ，这也就决定了音频信号的特征。

①基频与音调。

频率是指信号每秒钟变化的次数。人对声音频率的感觉表现为音调的高低，在音乐中称为音高。音调正是由频率 ω 所决定的。音乐中音阶的划分是在频率的对数坐标（20 lg）上取等分而得的，如图 4 - 3 所示。

音阶	C	D	E	F	G	A	B
简谱符号	1	2	3	4	5	6	7
频率/Hz	261	293	330	349	392	440	494
频率（对数）	48.3	49.3	50.3	50.8	51.8	52.8	53.8

图 4 - 3　声音音阶划分

②谐波与音色。

$n\omega_0$ 称为 ω_0 的高次谐波分量，也称为泛音。音色是由混入基音的泛音所决定的，高次谐波越丰富，音色就越有明亮感和穿透力。不同的谐波具有不同的幅值 A_n 和相位偏移 ψ_n，由此产生各种音色效果。

③幅度与响度。

人耳对于声音细节的分辨只有在强度适中时才最灵敏。人的听觉响应与强度成对数关系。一般的人只能察觉出 3 dB 以上的音强变化，再细分则没有太多意义。常用音量来描述音强，以分贝（dB = 20 lg）为单位。在处理音频信号时，绝对强度可以放大，但其相对强度更有意义，一般用动态范围定义为，动态范围 = 20 lg（dB）（信号的最大强度／信号的最小强度）。

④音宽与频带。

音频信号的频带宽度称为带宽（BW），是描述组成复合信号的频率范围。从频率的大范畴来说，声音信号的频率属于低频范畴（20 Hz～20 kHz）。

【小结】声音信号中的基频变化对应了人耳听觉上的音调高低变化，声音信号中的谐波分量的多少对应了听觉上音色明亮感程度，声音信号的幅度对应了听觉的声音强弱变化程度，声音信号的音宽对应了音频信号频带的宽窄变化。

2）音频电信号的形成

在电子领域中，常常会有这样的要求：将声音信号进行记录或扩音处理。这就要求必须对声音信号进行电转换处理，即声电转换。把声音信号转换成为对应的电信号，称之为音频电信号。

由图 4-4 所示，生活中的各种声音信号经过特定的声电转换器的转换处理，就可以转换成以电压、电流为代表的电信号。电信号中各分量的变化也同样代表着声音信号中的分量变化，如信号的幅度大小、频率高低、波形变化等情况，两者都是基本一致的，这就说明了特定的声电转换器能实现信号的完整转换工作，即将机械声波转成电信号。

图 4-4　音频电信号的形成

典型的声电转换器有压电陶瓷，各类话筒、传声器。产品不同，性能指标、应用场合、技术参数都不尽相同。在实际应用中，应根据应用的具体需求，选用合适的声电转换器来实现声电转换。

2. 交流检波（倍压整流）

1）倍压整流技术

在一些需用高电压、小电流的地方，常常使用倍压整流电路。倍压整流可以把较低的交流电压，用耐压较低的整流二极管和电容器"整"出一个较高的直流电压。倍压整流电路一般按输出电压比输入电压的倍数分为二倍压、三倍压与多倍压整流电路。

这种方式的整流电路的优点是电流小，容易获取到高电压，瞬时反应快，跟随能力强；其缺点是电路构成较一般整流电路复杂，元器件耐压要求高，组建电路较为烦琐。

如图 4-5 所示为二倍压整流电路。电路由变压器 B、两个整流二极管 D$_1$、D$_2$ 及两个电容器 C_1、C_2 组成。

u_2 正半周（上正下负）时，二极管 D$_1$ 导通，D$_2$ 截止，电流经过 D$_1$ 对 C_1 充电，将电容 C_1 上的电压充到接近 u_2 的峰值 $\sqrt{2}U_2$，并基本保持不变。u_2 负半周（上负下正）时，二极管

D_2 导通，D_1 截止。此时，C_1 上的电压 $U_{C_1} = \sqrt{2}U_2$，与电源电压 u_2 串联相加，电流经 D_2 对电容 C_2 充电，充电电压 $U_{C_2} = u_2$ 峰值 $+ 1.2 U_2 \approx 2\sqrt{2}U_2$。如此反复充电，$C_2$ 上的电压就基本是变压器次级电压的二倍，所以叫作二倍压整流电路。

在实际电路中，负载上的电压 $U_{SC} = (2 \times 1.2) U_2$。整流二极管 D_1 和 D_2 所承受的最高反向电压均为 $2\sqrt{2}U_2$。电容器上的直流电压 $U_{C_1} = \sqrt{2}U_2$，$U_{C_2} = 2U_2$。可以据此设计电路和选择元器件。在二倍压整流电路的基础上，再加一个整流二极管 D_3 和一个滤波电容器 C_3，就可以组成三倍压整流电路，如图 4-6 所示。三倍压整流电路的工作原理是：u_2 的第一个半周和第二个半周与二倍压整流电路相同，即 C_1 上的电压被充电到 $\sqrt{2}U_2$，C_2 上的电压被充电到接近 $2\sqrt{2}U_2$。当第三个半周时，D_1、D_3 导通，D_2 截止，电流除经 D_1 给 C_1 充电外，又经 D_3 给 C_3 充电，C_3 上的充电电压 $U_{C_3} = u_2$ 峰值 $+ U_{C_2} - U_{C_1} \approx 2\sqrt{2}U_2$，这样，在 R_{FZ} 上就可以输出直流电压 $U_{SC} = U_{C_1} + U_{C_3} \approx \sqrt{2}U_2 + 2\sqrt{2}U_2 = 3\sqrt{2}U_2$，实现三倍压整流。

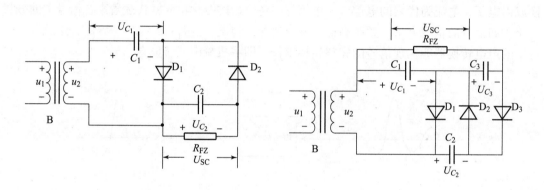

图 4-5　二倍压整流电路　　　　　　图 4-6　三倍压整流电路

在实际电路中，负载上的电压 $U_{SC} \approx (3 \times 1.2) U_2$，整流二极管 D_3 所承受的最高反向电压也是 $2\sqrt{2}U_2$，电容器上的直流电压为 $2\sqrt{2}U_2$。

2）知识拓展

依照以上方法，增加多个二极管和相同数量的电容器，便可以组成多倍压整流电路，如图 4-7 所示。当 n 为奇数时，输出电压从上端取出；当 n 为偶数时，输出电压从下端取出。必须说明一点，高倍压整流电路只能在负载较轻（即 R_{FZ} 较大，输出电流较小）的情况下使用，如果负载较重（即 R_{FZ} 较小，输出电流较大），则输出电压下降的情况就较明显。

用于倍压整流电路的二极管，其最高反向电压应大于 $2\sqrt{2}U_2$。可用高压硅整流堆，其系列型号为 2DL。如 2DL2/0.2，表示最高反向电压为 2 kV，整流电流平均值为 200 mA。倍压整流电路使用的电容器电容值比较小，一般在交流市电应用情况下不宜使用电解电容器。电容器的耐压值要大于 $(1.5 \times 2\sqrt{2}) U_2$，在使用上才安全可靠。

【小结】此任务中，在 LED 电平显示电路中使用了交流倍压整流电路，其目的就是利用交流倍压整流的高电压、瞬时反应快、跟随能力强的特性来获得快速、瞬时的 LED 光强弱变化，以达到动态、绚丽多彩的灯光显示效果。

3. LED 简介

1）LED 基本知识

半导体发光器件包括半导体发光二极管（简称 LED）、数码管、符号管、米字管及点阵式显示屏（简称矩阵管）等。事实上，数码管、符号管、米字管及矩阵管中的每个发光单元都是一个 LED，LED 的构造如图 4-8 所示。

LED 是由 Ⅲ ~ Ⅳ 族化合物，如 GaAs（砷化镓）、GaP（磷化镓）、GaAsP（磷砷化镓）等半导体制成的，其核心是 PN 结。因此具有一般 PN 结的 I-N 特性，即正向导通，反向截止、击穿特性。此外，在一定条件下，还具有发光特性。在正向电压下，电子由 N 区注入 P 区，空穴由 P 区注入 N 区。进入对方区域的少数载流子（少子）一部分与多数载流子（多子）复合而发光。

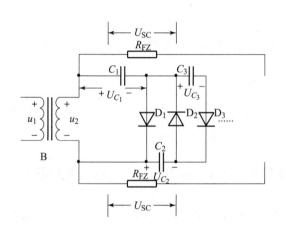

图 4-7 多倍压整流电路

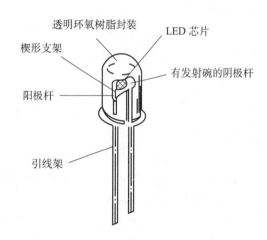

图 4-8 LED 的构造

2）LED 发光机理

假设发光是在 P 区中发生的，那么注入的电子与带正价的空穴直接复合而发光，或者先被发光中心捕获，再与空穴复合发光。除了这种发光复合外，还有些电子被非发光中心（介于导带、介带中间附近）捕获，而后与空穴复合，但每次释放的能量不大，不能形成可见光。发光的复合量相对于非发光复合量的比例越大，光量子效率越高。由于复合是在少子扩散区内发光的，所以光仅在靠近 PN 结面几微米以内产生。

理论和实践证明，光的峰值波长 λ 与发光区域的半导体材料禁带宽度 E_g 有关，即

$$\lambda \approx 1\,240/E_g \ (\text{mm})$$

式中，E_g 的单位为电子伏特（eV）。

若能产生可见光（波长在 380 nm 的紫光 ~780 nm 的红光），半导体材料的 E_g 应在 1.63 ~ 3.26 eV 之间。比红光波长长的光为红外光。现在已有红外、红、黄、绿及蓝光 LED，但其中蓝光 LED 成本、价格很高，使用不普遍。

3）LED 分类

①按 LED 发光颜色分类。

按 LED 发光颜色分，可将 LED 分成红色、橙色、绿色（又细分黄绿、标准绿和纯绿）、

蓝光等类型。另外，有的 LED 中包含两种或 3 种颜色的芯片。根据 LED 出光处掺或不掺散射剂、有色还是无色，上述各种颜色的 LED 还可分成有色透明、无色透明、有色散射和无色散射 4 种类型。散射型 LED 经常做指示灯用。

按 LED 出光面特征分，可将 LED 分成圆灯、方灯、矩形灯、面发光管、侧向管、表面安装用微型管等类型。圆形灯按直径可分为 $\phi 2$ mm、$\phi 4.4$ mm、$\phi 5$ mm、$\phi 8$ mm、$\phi 10$ mm 及 $\phi 20$ mm 等类型。国外通常把直径为 3 mm 的 LED 记作 T–1；把直径为 5 mm 的 LED 记作 T–1（3/4）；把直径为 4.4 mm 的 LED 记作 T–1（1/4）。

②按 LED 发光强度角来分类。

高指向性：一般为尖头环氧封装，或是带金属反射腔封装，且不加散射剂。半值角为 5°~20°或更小，具有很高的指向性，可作局部照明光源用，或与光检出器联用以组成自动检测系统。

标准型：通常用作指示灯，其半值角为 20°~45°。

散射型：通常用作视角较大的指示灯，半值角为 45°~90°或更大，LED 内部所掺入散射剂的量较大。

③按 LED 结构分类。

按 LED 的结构分为全环氧包封、金属底座环氧封装、陶瓷底座环氧封装及玻璃封装等类型。

④按 LED 发光强度和工作电流分类。

按发光强度和工作电流可分为普通亮度的 LED（发光强度 100 mcd）、高亮度 LED（发光强度在 100~1 000 mcd）。

一般 LED 的工作电流在十几毫安至几十毫安，而低电流 LED 的工作电流在 2 mA 以下（亮度与普通发光管相同）。

除上述分类方法外，还有按芯片材料分类及按功能分类的方法。

4）LED 的应用

由于 LED 的颜色、尺寸、形状、发光强度及透明情况等不同，所以使用 LED 时应根据实际需要进行恰当选择。

由于 LED 具有最大正向电流 I_{DM}、最大反向电压 U_{RM} 的限制，使用时，应保证不超过此值。为安全起见，实际电流 I_D 应在 $0.6 I_{DM}$ 以下；可能出现的最大反向电压为 U_{RM}。

LED 被广泛用于各种电子仪器和电子设备中，可作为电源指示灯、电平指示或微光源。红外 LED 常被用于电视机、录像机等设备的遥控器中。

（1）通常利用高亮度或超高亮度 LED 制作微型手电。

（2）常用于直流电源、整流电源及交流电源的指示电路。

（3）作单 LED 电平指示电路。在放大器、振荡器或脉冲数字电路的输出端，可用 LED 表示输出信号是否正常，只有当输出电压大于 LED 的阈值电压时，LED 才可能发光。

（4）单 LED 可充作低压稳压管用。由于 LED 正向导通后，电流随电压变化非常快，故具有普通稳压管的稳压特性。LED 的稳定电压范围为 1.4~3 V，应根据需要进行选择。

（5）常用于电平表作美观显示用。目前，在音响设备中大量使用 LED 电平表，利用多只 LED 指示输出信号电平，即发光的 LED 数目不同，则表示输出电平的高低变化。

【说明】本任务中，如图 4 – 12 所示是由 5 路发光二极管构成的电平表。当输入信号电平很低时，全不发光。当输入信号电平增大时，首先第一路 LED 亮，再使第二路 LED 亮……。

5）LED 的检测方法

①普通 LED 的检测。

a. 用万用表检测。

利用具有"×10 kΩ"量程的指针式万用表可以大致判断发光二极管的好坏。正常时，二极管正向电阻阻值为几十至二百千欧，反向电阻的值为无穷大。如果正向电阻值为 0 或为无穷大，反向电阻值很小或为 0，则表明此只 LED 已损坏。但这种检测方法不能真实地看到 LED 的发光情况，因为"×10 kΩ"量程不能向 LED 提供较大正向电流。

如果有两块指针万用表（最好同型号），就可以较好地检查 LED 的发光情况。用一根导线将其中一块万用表的"＋"接线柱与另一块表的"－"接线柱连接。余下的黑表笔接被测发光管的正极（P 区），余下的红表笔接被测发光管的负极（N 区）。两块万用表均置于欧姆挡"×10 Ω"量程。正常情况下，接通后 LED 就能正常发光。若亮度很低，甚至不发光，可将两块万用表置于欧姆挡"×1 Ω"量程，若仍很暗，甚至不发光，则说明该 LED 性能不良或损坏。应注意，不能一开始测量就将两块万用表置于欧姆挡"×1 Ω"量程，以免电流过大，损坏发光二极管。

b. 外接电源测量。

用 3 V 稳压源或两节串联的干电池及万用表（指针式或数字式皆可）可以较准确地测量 LED 的光电特性。如果测得 U_{RM} 在 1.4 ~ 3 V 之间，且发光亮度正常，则说明该 LED 发光正常。如果测得 $U_{RM} = 0$ 或 $U_{RM} \approx 3$ V，且不发光，则说明该 LED 已坏。

②红外 LED 的检测。

由于红外 LED 发射 1 ~ 3 μm 的红外光，故而人眼看不到。通常单只红外 LED 发射功率很小，不同型号的红外 LED 发光强度角分布也不相同。红外 LED 的正向压降一般为 1.3 ~ 2.5 V。正是由于其发射的红外光人眼看不见，所以利用上述可见光 LED 的检测法只能判定其 PN 结正、反向电学特性是否正常，而无法判定其发光情况正常与否。为此，最好准备一只光敏器件（如 2CR、2DR 型硅光电池）作接收器，用万用表测光电池两端电压的变化情况，来判断红外 LED 加上适当正向电流后是否发射红外光。

4. 电流驱动应用

三极管最基本的应用是用作信号放大器，利用三极管导通与截止的特性，也可以将三极管用作开关来使用，并且利用三极管的电流驱动原理——I_B 控制 I_C（$I_C = \beta I_B$），可以灵活将三极管用作电流可控器件，比如此任务中的 LED 电平显示驱动。

1）三极管电流控制简述

在如图 4 – 9 所示电路中，VT_1、R_b、R_P、R_c、+9 V 构成了一个基本的简单直流放大电路，调节 R_P 大小就可以改变 VT_1 的 I_B 变化，从而引发 VT_1 的 I_C 变化，其关系为 $I_C = \beta I_B$，其中 β 为三极管电流放大系数值。

【说明】改变三极管的基极电流可以达到改变集电极电流的目的，从而改变负载元件中电流的变化。

2）电流驱动应用

如图 4 – 10 所示电路，是一个以三极管来控制发光二极管 VD 的光强弱变化的电路。随着外来直流电平的输入，VT_1 的基极电流也随之变化，从而引发 VT_1 集电极电流变化。变化的电流经过 VD 引发 VD 发出的光强度变化，且外来直流电平幅度变化越大，VD 发光的变化程度就越明显，从而将外来直流电平的高低变化转换为 LED 光强的明亮变化，实现了电光转换。

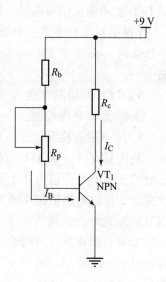

3）思考

在如图 4 – 9 所示电路中，在外来电平的输入下：

（1）VT_1 有没有可能工作在截止状态？

（2）R_C 的作用是什么？移走 R_C 会有什么样的后果？

（3）如何获得变化的直流电平送给 VT_1？

5. LED 驱动拓展

如图 4 – 11 所示，仔细观察该图与图 4 – 10 的不同之处。

图 4 – 9　简单直流放大电路

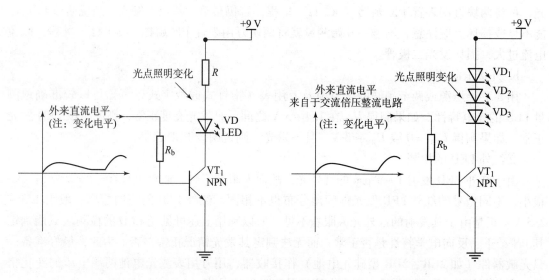

图 4 – 10　发光二极管驱动电路（1）　　　　图 4 – 11　发光二极管驱动电路（2）

（1）VT_1 负载由单个 LED 转成由多个 LED 组成的光柱，并取消 R 的存在；

（2）输入信号明确指定外来直流电平来自于交流倍压整流电路。

【注意】目前在实际应用中，单纯用三极管分立元件作小电流驱动的方式已经很少采用，随着集成技术的飞速发展与日益成熟，小电流驱动电路基本上都已做成专用驱动 IC 来应用，达到了简化电路的效果，同时又提高了电路的工作可靠性。

课后查阅：用作小电流驱动的 IC 的资料，要求：有型号、参数、引脚功能、可代换品。

三、组装与调试 LED 电平显示电路

1. LED 五段电平显示电路

LED 五段电平显示电路如图 4 – 12 所示。

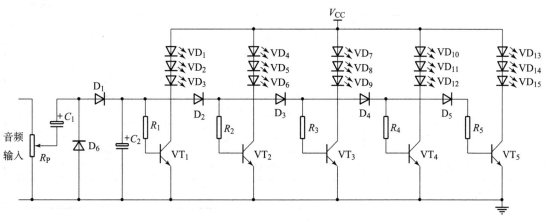

图4-12　LED五段电平显示电路

2. 元器件清单

LED五段电平显示电路元器件清单如表4-1所示。

表4-1　LED五段电平显示电路元器件清单

电路中元器件标号	元器件封装形式	元器件型号与参数	元器件代换	备注说明
$R_1 \sim R_5$	Axial0.4	4.7 kΩ, 1/4 W	电阻均可	小功率、无精密度要求
$VT_1 \sim VT_5$	To92B	S9013	S9014、C1815	小功率、塑封管
$D_1 \sim D_6$	Diode0.4	1N4148	1N4001系列	小功率、塑封、低频管
$VD_1 \sim VD_{15}$	Rad0.2	T-1 (3/4) φ5 mm	LED系列	建议选取高亮LED
R_P	Vr4	10 kΩ, 1/4W	可调VR	小功率、无精密度要求
C_1	R_b.2/.4	10 μF/16 V	10 μF/25 V	不宜选过大容量的电解电容
C_2	R_b.2/.4	47 μF/16 V	10～47 μF/25 V	不宜选过大容量的电解电容
电源 V_{CC}	+9～+12 V	—	—	中小功率稳压直流供电

3. 实施步骤

1）准备工作

在熟悉电路原理的基础上，准备好焊接工具、电路板及元器件，依据如图4-12所示电路列出元器件清单，见表4-2。

表4-2　元器件清单

名称	规格型号	数量/个
电阻	4.7 kΩ, 1/4W, 碳膜电阻	5
电容	10 μF/16 V	1

续表

名称	规格型号	数量/个
电容	47 μF/16 V	1
二极管	1N4148	6
LED	T – 1 (3/4) φ5 mm	15
三极管	S9013 (S9014)	5
可调电阻	10 kΩ, 1/4 W	1
音频信号发生器		1

2）安装及焊接

在检查各元器件无损坏后，按照如图 4 – 12 所示电路将元器件安插在相应位置并焊牢。注意，如果是用万用板进行安装，需特别注意连线的准确性；LED 要安装在便于拆卸且一体成形的框架中，以备日后改装到机器外壳上；在焊接三极管、二极管时，要注意焊接时间的控制，一般焊接时间应控制在 3 s 左右，否则极容易损坏管子。可调电阻由于体积较大，在保持元件稳固安装的前提下，应注意元器件引脚与印制板之间应有大约 0.3 mm 的间隙，可保护引出端根部不受外力损伤，也便于焊后清洗时清洗液的流出和挥发。

3）电路调试

确认电路焊接无误后，即可进入电路调试阶段。

LED 电平指示电路的制作工艺现已经发展得很成熟，所以安装、焊接完毕后不需太多调试工作，重点是检验电路的功能是否能正常实现，步骤如下。

（1）准备一台直流可调稳压电源和一台万用表。

（2）电路静态工作点调整。利用直流稳压电源向电路提供 + 9 V 工作电压，并且将电路交流输入端口——音频输入口短路接地，此时电路中 $VD_1 \sim VD_{15}$ 都应熄灭，即要求电路工作在静态工作点（无信号送来），VT_1、VT_2、VT_3、VT_4、VT_5 均处于截止状态；如果此时发现有某组 LED 发光或闪光情况出现，则重点查找该路电路是否存在焊接错误、元器件参数变值、性能变劣等问题。

（3）电路功能测试。利用直流稳压电源继续向电路提供 + 9 V 工作电压，同时将音频信号发生器的输出端接入到 LED 电平显示器电路的输入口，如图 4 – 13 所示。

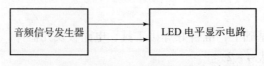

图 4 – 13　LED 电平显示器电路输入口

开启音频信号发生器电源，将频率输出调整到 500 ~ 1 000 Hz，并且适当调节音频信号发生器信号的输出幅度，使输出电压在 0 ~ 3 V，如果此时电路工作一切正常，电平显示电路中 LED 光柱就会开始逐步被点亮，并且随着音频信号发生器输出信号强度增大而一级接一级地依次点亮（从电路左向右），或随着音频信号发生器输出信号强度减少而一级接一级地依次熄灭（从电路右向左），表明电路能根据输入信号电平的变化使 LED 光柱发生亮、灭变化，达到了电路预期的目标（请自行分析其工作原理）。

任务二　制作 LED 频谱显示器

【任务目标】

（1）掌握音频交流信号频谱知识；

（2）了解运算放大器的选频应用；

（3）能根据实际应用要求，对产品单元电路进行性能、功能、参数调整，以满足产品性能要求；

（4）进一步熟悉运算放大器的灵活应用与元器件的综合测试。

一、LED 频谱显示器的相关知识

1. LED 频谱显示器电路

LED 频谱显示器电路如图 4－14 所示。

2. 预期目标

（1）熟悉 LED 频谱显示器电路，并根据电路的要求进行元器件的选取、检测处理；

（2）掌握信号流程分析、跟踪的方法，掌握电路图的正确阅读方法；

（3）掌握必要的电路基本原理知识，培养分析电路和灵活应用的能力；

（4）掌握电子电路元器件的正确焊接、线材连接、电路板制作、电路检测、功能调整处理的方法；

（5）能对完整电路的制作进行评测，制订作品测试报告并进行归纳总结。

此项任务是项目制作的第二部分，必须掌握该项目的基本单元电路的相关知识。

二、基本知识概述

根据电路对理论知识的要求与实际制作的需要，将与电路相关的基本知识划分为以下两个知识点来进行介绍。

（1）音频电信号频谱；

（2）传声器；

1. 音频电信号频谱

声音是由各种频率成分组成的，人耳听觉感受的音频范围为 20 Hz～20 kHz，这些频率成分的强度分布形成声音频谱，也就是声学知识中的音色，如同各种光波频率形成不同色感一样。那么对应着声电转换而来的电信号也同样具备音频信号的频谱，目前将整个音频电信号划分成 4 个频段：

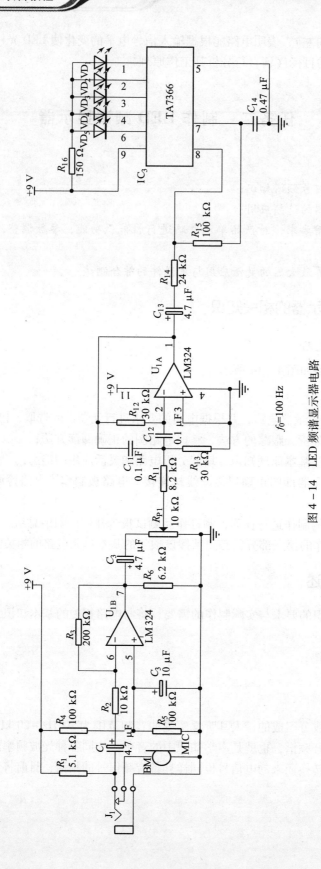

图 4 – 14　LED 频谱显示器电路

（1）高频段：5～20 kHz；

（2）中高频段：500 Hz～5 kHz；

（3）中低频段：150～500 Hz；

（4）低频段：20～150 Hz。

由此可见，音频电信号涵盖了 20 Hz～20 kHz，甚至更高的频率范围，也就是说音频电信号有更宽广的频谱分布。

如图 4－15 所示列出了音频电信号频谱的分布情况，并附上人耳对音频信号频谱的听觉感受。

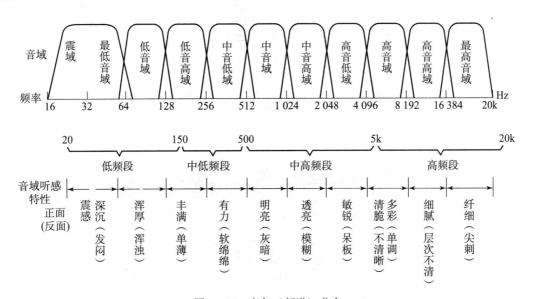

图 4－15　音色（频谱）分布

可知，音频电信号的频谱分布和音频信号是一致的。实际中，将音频信号转成电信号时，也就具备了与音频信号频谱分布相一致的电信号。

2. 传声器

有关传声器的基本知识将在"任务拓展"中进行详细介绍。

三、LED 频谱显示器的组装与调试

1. LED 频谱显示器电路

LED 频谱显示器电路如图 4－16 所示。

2. 元器件参数

元器件参数如表 4－3 所示。

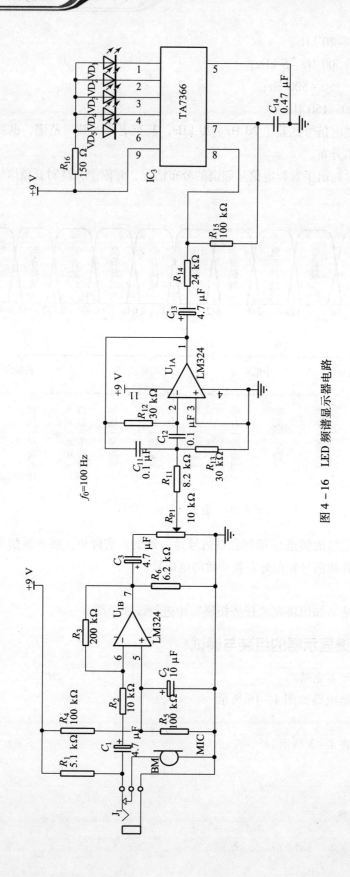

图 4 – 16 LED 频谱显示器电路

表4-3 LED频谱显示单元电路元器件参数列表

电路中 元器件标号	元器件 封装形式	元器件 型号与参数	元器件代换	备注说明
$R_1 \sim R_6$	Axial0.4	各阻值如图4-16所示，1/4 W	各类型电阻均可	小功率、无精密度要求
$R_{11} \sim R_{16}$	Axial0.4	各阻值如图4-16所示，1/4 W	各类型电阻均可	小功率、无精密度要求， 其中，R_{16}选用1 W电阻
U_{1B}、U_{1A}	DIP-14	LM324	LM324	四运算放大器
IC3	SIP-9	TA7366	TA7366P 系列	小功率电流驱动专用IC
$VD_1 \sim VD_5$	Rad0.2	T-1（3/4）ϕ5mm RED	LED 系列	建议选取高亮LED
R_{P1}	Vr4	10 kΩ，1/4W	可调VR	小功率、无精密度要求
C_1、C_3、C_{13}	Rb.2/.4	4.7 μF/16 V	10 μF/25 V	不宜选过大电容值 的电解电容
C_2	Rb.2/.4	10 μF/16 V	10～47 μF/25 V	不宜选过大电容值 的电解电容
C_{11}、C_{12}	Rad0.2	0.1 μF/63 V	/	涤纶电容、云母电容
C_{14}	Rad0.2	0.47 μF/63 V	/	涤纶电容、云母电容
J_1	SIP-3	CON3	/	外来信号输入插孔
BM	Rad0.2	MIC	/	驻极体式话筒
电源 V_{CC}	+9～+12 V	/	/	中小功率稳压直流供电

3. 实施步骤

1）准备工作

在熟悉电路原理的基础上，准备好焊接工具、电路板及元器件，依据如图4-16所示电器列出元器件清单，如表4-4所示。

表4-4 元器件清单

名称	规格型号	数量 /个	名称	规格型号	数量 /个	名称	规格型号	数量 /个
碳膜电阻	1/4 W	11	无极电容	0.47 μF/63 V	1	音频信号发生器		1
碳膜电阻	1 W	1	二极管	LED 发光二极管T-1（3/4）ϕ5 mm RED	5	直流稳压电源		1
电解电容	4.7 μF/16 V	3	集成电路	LM324	1	音源插孔		1
电解电容	10 μF/16 V	1	集成电路	TA7366	1	驻极体话筒	MIC	1
无极电容	0.1 μF/63 V	2	可调电阻	10 kΩ，1/4 W	1			

2）安装及焊接

在检查各元器件无损坏后，按照如图 4－16 所示电路将元器件安插在相应位置并焊牢。注意，如果是用万用板进行安装，需特别注意连线的准确性，当然也可采用自制 PCB 板来完成此任务，其效果更好。LED 要安装在便于拆卸且一体成形的框架中，以备日后改装到机器外壳上。在焊接集成电路引脚时，要注意焊接时间的控制，一般焊接时间应控制在 2 s 左右，同时应注意防止焊接时静电导致的集成电路损坏情况的发生，可采用洗手方式或佩戴静电环方式进行元器件焊接；尤其要禁止在烙铁出现漏电情况下的使用，否则会更加危险。

可调电阻除了应注意元器件引脚与印制板之间应有大约 0.3 mm 的间隙外，还应重点考虑其合理的安装位置。因为在实际操作中，由于可调元器件是要根据实际电路的变化而进行相应的调节处理，故安装时，应考虑其在电路板上位置是否便于调节，同时又要以不影响电路美观为准则。

驻极体话筒是一个较脆弱的部件，内有场效应管，极容易受静电或外来高频脉冲的影响而导致损坏，在保存与使用驻极体话筒时应加以防范。下面给出对驻极体话筒引脚判断的测量方法。

在场效应管的栅极与源极之间接有一只二极管，可利用二极管的正反向电阻特性来判别驻极体话筒的漏极 D 和源极 S。

将万用表置于欧姆挡"×1 kΩ"量程，黑表笔接任一极，红表笔接另一极。再对调两表笔，比较两次测量的结果。阻值较小时的一次，黑表笔接的是源极，红表笔接的是漏极。

【注意】若二极管安装错误，则无法实现声电转换功能。

4. 电路调试

确认电路焊接完整无误后，即可进入电路调试阶段。LED 频谱指示电路的制作工艺现已经发展得很成熟，所以安装、焊接完毕后不需太多的调试工作，重点是检验电路的功能是否能正常实现，步骤如下。

（1）准备一台直流可调稳压电源、一台万用表、一台音频信号发生器；

（2）电路静态工作点调整。利用直流稳压电源向电路提供 ＋9 V 工作电压，并且将选频电路交流输入端口—音频输入口（R_{p1} 中心抽头接地）短路接地，此时电路中 $VD_1 \sim VD_5$ 都应熄灭，即要求电路工作在静态工作点（无信号送来），IC_3—TA7366（电流驱动专用器件）内部均处于截止关闭状态，同时 U_{1A}（LM324）由于无信号送来，也就无输出信号，处于静态工作点。

如果此时发现有某组 LED 发光或闪光情况出现，则重点查找该路电路是否存在焊接错误、虚焊现象、接地不良或者元器件损坏的情况。

（3）电路功能测试。利用直流稳压电源继续向电路提供 ＋9 V 工作电压，同时将音频信号发生器的输出端接入到 LED 频谱显示电路的输入插口（J_1），如图 4－17 所示。

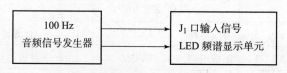

图 4－17　输出与输入连接

　　开启音频信号发生器电源，将频率输出调整到 100 Hz，并且适当调节音频信号发生器信号的输出幅度，如果此时电路工作一切正常，电平显示电路中 LED 光柱（$VD_1 \sim VD_5$）就会开始被点亮，并且随着音频信号发生器输出信号强度增大而一级接一级地依次点亮（从电路左向右），或随着音频信号发生器输出信号强度减小而一级接一级地依次熄灭（从电路右向左）。

　　【说明】电路能根据输入信号电平大小的变化，使 LED 光柱发生逐级亮、灭变化。

　　继续开启音频信号发生器电源，调整频率输出偏离 100 Hz（过大或过小值），并且调节音频信号发生器信号的输出幅度，如果此时电路工作一切正常，则电平显示电路中 LED 光柱（$VD_1 \sim VD_5$）不该被点亮，或者 LED 的发光强度非常弱（信号谐波分量影响），而且当音频信号发生器的频率输出偏离 100 Hz 的值越大，LED 灯更难被点亮，因为 LM324 构成的选频电路无法从输入信号取出 100 Hz 信号，即无输出信号驱动集成电路进行显示，LED 灯必然不亮。

　　【说明】电路输入信号的频率在单元电路选频点（f_0）附近时，使 LED 光柱点亮，并且信号中对应该频点的信号电平越强，LED 点亮的级数也就越多。

　　请自行分析其工作原理。

　　5. 项目完成

　　连接任务一与任务二的电路，完成如图 4-1 所示的无线音响 LED 动态显示器电路。

项目测评

　　1. 实训报告

　　（1）绘制无线音响 LED 动态显示器完整电路。

　　（2）叙述无线音响 LED 动态显示器电路的工作过程。

　　（3）记录测试数据。

　　（4）根据实训结果填写实训报告。

　　2. 项目评价

项目考核内容	考核标准	考核等级
电路分析	会识别电路中各元器件；能描述信号在整机电路中的处理过程，能对电路进行完整分析、述说	
装配与焊接工艺	焊盘无损坏；焊点整齐美观、无虚焊；线路连接规范、有条理；各单元电路布局合理；各调节器件安装到位、便于调节	
电路调试与检测	会检测电路中特殊元器件的质量好坏；会用示波器观测电路中各关键点的信号波形；会根据产品性能要求对电路进行调试	
功能实现	整机电路能正常工作；各调节器件能实现其调节功能，能做到功能演示示范正常	

任务拓展

传声器的正确使用

传声器是一种将声信号转换为电信号的换能器件,俗称话筒、麦克风。传声器的好坏将直接影响到信号转换的质量。

1. 传声器的种类

传声器的种类很多,按换能原理可分为电动式、电容式、电磁式、压电式、半导体式传声器;按接收声波的方向性可分为无方向性和有方向性两种,有方向性传声器包括心形指向性、强指向性、双指向性传声器等,如图 4 – 18 所示;按用途可分为立体声、近讲、无线传声器等。

1) 动圈传声器

动圈传声器是一种最常用的传声器,其结构如图 4 – 19 所示。

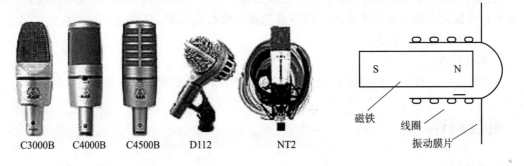

C3000B	C4000B	C4500B	D112	NT2

图 4 – 18 多种传声器   图 4 – 19 动圈式传声器的结构

动圈传声器主要由振动膜片、线圈、永久磁铁和升压变压器等部分组成,其工作原理是当人对着话筒讲话时,膜片就随着声音前后颤动,从而带动线圈在磁场中作切割磁力线的运动。根据电磁感应原理,在线圈两端就会产生感应音频电动势,从而完成了声电转换。为了提高传声器的输出感应电动势和阻抗,还需装置一只升压变压器。

动圈传声器结构简单、稳定性高、使用方便、固有噪声小,被广泛用于语言广播和扩音系统中,但缺点是灵敏度较低、频率范围窄。

2) 电容传声器

电容传声器是靠电容量的变化而工作的,其结构如图 4 – 20 所示,主要由振动膜片、刚性极板、电源和负载电阻等部分组成。电容传声器的工作原理是:当膜片受到声波的压力,并随着压力的大小和频率的不同而振动时,膜片极板之间的电容量就发生变化。与此同时,极板上的电荷随之变化,从而使电路中的电流也相应变化,负载电阻上也就有相应的电压输出,从而完成了声电转换。

电容传声器的频率范围宽、灵敏度高、失真小、音质好,但结构复杂、成本高,多用于高质量的广播、录音、扩音设备中。

3) 驻极体电容传声器

这种传声器的工作原理和电容传声器相同,所不同的是它采用聚四氟乙烯材料作为振动膜片。由于这种材料经特殊电处理后,表面被永久地驻有极化电荷,从而取代了电容传声器的极板，故名为驻极体电容传声器。其特点是体积小、性能优越、使用方便，如图 4 - 21 所示，驻极体电容传声器被广泛地应用在盒式录音机中作为机内传声器。

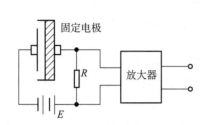

图 4 - 20 电容传声器电路

图 4 - 21 驻极体电容传声器

驻极体话筒由声电转换和阻抗变换两部分组成，如图 4 - 22 所示。声电转换的关键元件是驻极体振动膜，是一片极薄的塑料膜片，在其中一面蒸发上一层纯金薄膜，再经过高压电场驻极后，两面分别驻有异性电荷。膜片的蒸金面向外，与金属外壳相连通。膜片的另一面与金属极板之间用薄的绝缘衬圈隔开。这样，蒸金膜与金属极板之间就形成一个电容。当驻极体膜片遇到声波振动时，引起电容两端的电场发生变化，从而产生了随声波的变化而变化的交变电压。驻极体膜片与金属极板之间的电容量比较小，一般为几十皮法。因而其输出阻抗值很高 $X_C = \dfrac{1}{2\pi fC}$，几十兆欧以上。这样高的阻抗是不能直接与音频放大器相匹配的，所以在话筒内接入一只结型场效应晶体三极管来进行阻抗变换。场效应管的特点是输入阻抗极高、噪声系数低。普通场效应管有源极（S）、栅极（G）和漏极（D）3 个极。这里使用的是在内部源极和栅极间再复合一只二极管的专用场效应管。接入二极管的目的是当场效应管受强信号冲击时对电路起保护作用。场效应管的栅极接金属极板。这样，驻极体话筒的输出线便有三根，即源极 S，一般用蓝色塑线；漏极 D，一般用红色塑料线；连接金属外壳的编织屏蔽线。

【注意】驻极体话筒必须提供直流电压才能工作，因为其内部装有场效应管。

驻极体话筒与电路的接法有两种：源极输出与漏极输出。

（1）源极输出类似晶体三极管的射极输出，如图 4 - 22 所示的接法 1，需用 3 根线引出。漏极 D 接电源正极。源极 S 与地之间接一电阻 R_S 来提供源极电压，信号由源极经电容 C 输出。编织线接地起屏蔽作用。源极的输出阻抗小于 2 kΩ，电路比较稳定，动态范围大。但输出信号比漏极输出小。电路负载能力强，应用于对音质有较高要求时的情况。

（2）漏极输出类似晶体三极管的共发射极输入，如图 4 - 22 所示的接法 2，只需两根线引出。漏极 D 与电源正极间接一漏极电阻 R_D，信号由漏极 D 经电容 C 输出。源极

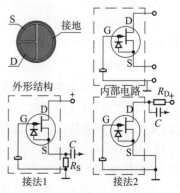

图 4 - 22 驻极体话筒电路

S 与编织线一起接地。漏极输出有电压增益，因而话筒灵敏度比源极输出时要高，但电路动态范围略小。此接法较多应用于一般对电路要求不高的场合中。

4）无线传声器

无线传声器实际上是一种小型的扩声系统，由一台微型发射机组成。发射机又由微型驻极体电容式传声器、调频电路和电源 3 部分组成，无线传声器采用了调频方式调制信号，调制后的信号经传声器的短开线发射出去，其发射频率的范围按国家规定在 100 ~ 120 MHz，每隔 2 MHz 为一个频道，避免互相干扰。

无线传声器与接收机应一一对应，配套使用，不得出现差错。接收机是专用调频接收机，但是一般的调频收音机只要使其调谐频率调整在无线传声器发射的频率上，同样能收听到无线传声器发出的声音。

无线传声器体积小、使用方便、音质良好、话筒与扩音机间无线（移动自如），且发射功率小，因此在教室、舞台、电视摄制方面被广泛应用。

2. 传声器的性能指标

传声器的性能指标是评价传声器质量好坏的客观参数，也是选用传声器的依据。传声器的性能指标主要有以下 4 项。

1）灵敏度

灵敏度是指传声器在一定强度的声音作用下输出电信号的大小。灵敏度高，表示传声器的声电转换效率高，对微弱的声音信号反应灵敏。技术上常用在 0.1 Pa ［μbar（微巴）］声压作用下传声器能输出多高的电压来表示灵敏度。如某传声器的灵敏度为 1 mV/μbar，即表示该传声器在 1 μbar 声压作用下输出的信号电压为 1 mV。

习惯上也常用分贝来表示传声器的灵敏度。灵敏度（dB）= 20 lg，上述传声器的灵敏度也就可以表示为 – 60 dB。

2）频率特性

传声器在不同频率的声波作用下的灵敏度是不同的。一般在中音频（如 1 kHz）时灵敏度高，而在低音频（如几十赫）或高音频（十几千赫）时灵敏度降低。以中音频的灵敏度为基准，把从灵敏度到下降为某一规定值的频率范围叫作传声器的频率特性。频率特性范围宽，表示该传声器对较宽频带的声音有较高的灵敏度，扩音效果好。理想的传声器频率特性应为 20 Hz ~ 20 kHz。

3）输出阻抗

传声器的输出阻抗是指传声器的两根输出线之间在 1 kHz 时的阻抗。有低阻（如 50 Ω、150 Ω、200 Ω、250 Ω、600 Ω 等）和高阻（如 10 kΩ、20 kΩ、50 kΩ）两种。

4）方向性

方向性表示传声器的灵敏度随声波入射方向的变化而变化的特性。如单方向性表示只对某一方向来的声波反应灵敏，而对其他方向来的声波则基本无输出。无方向性则表示对各个方向来的相同声压的声波都能有近似相同的输出。

3. 传声器的正确使用

应根据使用的场合和对声音质量的要求，结合各种传声器的特点，综合考虑选用传声器。例如，当应用于高质量的录音和播音设备中时，主要要求音质好，故应选用电容式传声器、铝带传声器或高级动圈式传声器；当应用于一般扩音系统时，选用普通动圈式即可；当讲话人位置不时移动或讲话时与扩音机距离较大，如卡拉OK演唱，应选用单方向性、灵敏度较低的传声器，以减小杂音干扰等。在使用中应注意以下几点。

1）阻抗匹配

在使用传声器时，传声器的输出阻抗与放大器的输入阻抗两者相同是最佳的匹配，如果失配比在3∶1以上，则会影响传输效果。例如把50 Ω传声器接至输入阻抗为150 Ω的放大器时，虽然输出可增加近7 dB，但高、低频的声音都会受到明显的损失。

2）连接线

传声器的输出电压很低，为了免受损失和干扰，连接线必须尽量短，高质量的传声器应选择双芯绞合金属隔离线，一般传声器可采用单芯金属隔离线。高阻抗式传声器的传输线长度不宜超过5 m，否则高音将显著损失。低阻传声器的连线可延长至30~50 m。

3）工作距离与近讲效应

通常，传声器与声源之间的工作距离在30~40 cm为宜，如果距离太远，则回响增加，噪声相对增长；工作距离过近，会因信号过强而失真，低频声过重从而影响语言的清晰度。这是因为指向性传声器存在近讲效应，即当近距离录音时，低频声会得到明显的提高。不过，有时歌唱家有意利用近讲效应，使演唱效果更加美妙、动听。

4）声源与话筒之间的角度

每个话筒都有其有效角度，一般声源应对准话筒中心线，两者间偏角越大，高音损失越大。有时使用话筒时，带有"隆嘤"的声音，这时把话筒偏转一些角度，就可减轻一些。

5）话筒位置和高度

在扩音时，话筒不要先靠近扬声器放置或对准扬声器，否则会引起啸叫。

话筒放置的高度应依声源高度而定，如果是一个人讲话或几个人演唱，话筒的高度应与演唱者口部一致；当人数众多时，话筒应选择平均高度放置，并适当调配演唱者和伴奏以及乐队中各种乐器的位置，勿使响的过响，轻的过轻，要使全部声响都在话筒的有效角度以内。如果有领唱或领奏，必要时应放置专用话筒。

当需要几个话筒同时使用时，可采取并联接法，但必须注意几个话筒的相位问题。相位一致时才能互相并联，否则将互相干扰，使输出减小甚至失真。不同型号和不同阻抗的话筒，不宜并联使用，会使高阻抗话筒短路，从而输出电压降到很低。通常状况下，话筒直接并联使用，其效果不如使用单只话筒。

话筒在使用中应防止敲击或跌倒。不宜用吹气或敲击的方法试验话筒，否则很易损坏话筒。传声器在室外使用时，应该使用防风罩，避免录进风的"噗噗"声。防风罩还能防止灰尘沾污传声器。

6）使用无线传声器时注意事项：

（1）选择安放接收器的位置，要使其避开死点。

（2）接收时，调整接收天线的角度，调准频率，调好音量使其处在最佳状态。

（3）无线传声器的天线应自然下垂，露出衣外。

（4）防止电池极性接反，使用完毕，将电池及时取出。

【注意】有些传声器（如驻极体电容传声器、无线传声器）是用电池供电的。如果电压下降，会使灵敏度降低、失真度增大。所以，当声音变差时，应检查一下电池电压，在话筒不用时应关掉电源开关，长时间不用时应将电池取出。

项目小结

本项目主要介绍了 LED 电平显示器和 LED 频谱显示器的相关理论知识，通过本项目的学习应能根据参数要求，正确合理地设计显示电路，掌握音频信号发生器及直流稳压电源的使用方法，并根据参数要求，正确合理地调试显示电路，并分析故障，解决故障。

（1）音频信号的基本概念及形成方式；

（2）交流倍压整流技术及 LED 知识；

（3）LED 的检测与使用；

（4）电流驱动原理及应用；

（5）频谱的相关知识；

（6）LED 显示器的原理、安装与调试；

（7）传声器的正确使用。

思考及练习

一、填空题

1. 音色取决于声音_____的高低，而与_____的大小无关。

2. 在 LED 电平电路中，电流驱动电路主要由_____电路与_____电路组成。

3. LED 类型从发光明亮程度上区分有_____与_____两种。

4. 在测量 LED 好坏时，一般建议选用万用表的_____挡位进行测量。

5. 一般来说，LED 的正常开启电压为_____V。

6. LM324 是一个内含_____独立运放、_____性能产品，可用作_____、_____、_____处理。

7. 倍压整流器电路的优点是_____、_____、_____，缺点是_____、_____。

8. 无线音响 LED 动态显示器电路中，音频信号的获取有_____、_____两种方式。

二、问答题

1. 请简述三极管好坏判断的检测方法。

2. 如何判断 IC 的好坏？

3. 请简述无线音响五动态 LED 显示器电路的工作原理。

三、分析题

1. LED 电平显示器与 LED 频谱显示器的电路工作方式是否相同？二者的工作原理是否一致？

2. LM324 是常用的运放器，请问它还有几种应用接法，如何工作？

3. 场效应管有几种类型（自查）？在实际制作中，对于场效应管的使用，应注意哪些事项？

项目五

制作音调电路和保护电路

5.1 项目导入

人们在欣赏音乐的过程中，有人喜欢清亮的声音，有人喜欢淳厚的声音，而一台扩音机要想满足不同人的需要，就必须设置有音调调节电路和保护电路。本任务中，将学习如何制作音调电路和保护电路。目前几乎所有的功放电路（特别是大功率的功放电路）都采用OCL（或BTL）电路，即采用直接耦合输出级（其输出端无耦合电容）。由于OCL功放电路的输出端与功放电路直接相连，一旦功放电路出现中点直流电位偏移，直流电压将直接加至音箱，轻则使重放声音信号失真，重则烧毁低音扬声器，故而要加入保护电路，确保驱动低音扬声器的输出电流稳定，不易产生失真或损坏设备。

项目任务书

项目名称	制作音调电路和保护电路
项目目标	1. 知识目标 （1）熟悉音调控制电路的原理； （2）了解继电器的结构与工作原理； （3）掌握扬声器保护电路的种类及工作原理； （4）理解分频器的含义、工作原理及其在音箱系统中的地位； （5）了解音箱制作的程序。 2. 技能目标 （1）进一步熟悉万用板焊接技术； （2）掌握识别、检测与选用继电器的方法； （3）熟悉扬声器保护电路的连接；

续表

项目名称	制作音调电路和保护电路
教学目标	（4）熟悉扬声器保护电路的组装并对其进行性能检测； （5）熟悉音调控制电路的装配并对音调控制电路进行性能测试； （6）掌握识别、检测及选用扬声器的方法； （7）掌握制作音箱分频器的方法； （8）掌握制作简单的双声道音箱的方法
操作步骤	第一步　学习音频电路和保护电路及音响的相关知识
	第二步　选择元器件
	第三步　控制电路和保护电路的装配
	第四步　音调控制电路和保护电路的测试
	第五步　扬声器保护电路分频器的制作
	第六步　扬声器保护电路的安装与调试
任务要求	2～3人为一组，协作完成任务

5.2　项目实施

任务一　制作音调电路

【任务目标】

（1）理解音调控制的含义；

（2）熟悉音调控制电路的电路形式；

（3）理解音调控制电路原理；

（4）熟悉装配音调控制电路的步骤；

（5）掌握音调控制电路性能测试的方法；

（6）通过查阅资料，理解利用集成电路制作的音调控制电路的原理及电路结构。

1. 音调电路

音调主要反映人耳对声音频率的感受，取决于声音频率的高低，而与音量的大小无关。由于听音者对不同频率声音信号的敏感度与喜好不同，所以绝大部分功放机内都设置了音调控制电路，对声音某部分频率信号进行提升或者衰减，以符合不同人的要求。

1）音调控制的基本原理

在普通功放电路中，音调控制主要由低音控制电路与高音控制电路组成，常见的电路形式有 RC 音调控制电路和 LC 音调控制电路，以 RC 音调控制电路为例进行原理介绍。音调控制的实质是使控制网络的阻抗在调节过程中对中音频（1 kHz）不变，使电路对高、低音频的阻抗随着调节而变化，变得与中音频的阻抗相同，或者比中音频的阻抗高或低，当频率不同时网络所呈现的阻抗不同，音调控制电路对前级输出信号电压分压或对前级输出信号电流分流从而达到提升或衰减的目的。电路组成框图如图 5 – 1 所示。

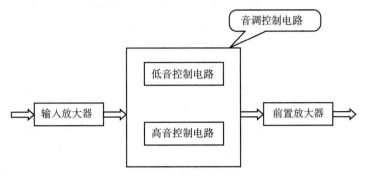

图 5 – 1　音调控制电路的组成框图

2）音调电路

由于音调控制电路具有电路简单、制作方便等优点，所以在普通扩音机中被广泛使用。

（1）衰减型 RC 高音控制电路。

衰减型 RC 高音控制电路如图 5 – 2 所示。

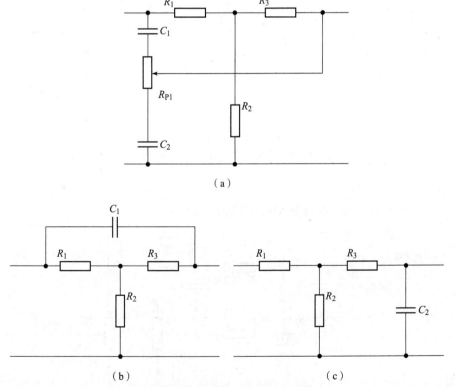

（a）

（b）　　　　　　　　　　（c）

图 5 – 2　衰减型 RC 高音控制电路

（a）衰减型 RC 高音控制电路；（b）高音最大电路；（c）高音最小电路

电路中 R_{P1} 为高音控制电位器，当滑片滑至 R_{P1} 最上端时，R_{P1} 和 C_2 组成的 RC 串联网络呈现阻抗最大，可视为断路，此时电路可简化为如图 5 – 2（b）所示结构。中音和低音信号

经过 R_1、R_2 和 R_3 组成的 T 形网络耦合到后级放大电路，中低音信号得到衰减，高音信号则可通过 C_1 耦合到后级，这样高音信号相对中音和低音信号得到最大提升。当 R_{P1} 的滑片滑至最下端时，C_1、R_{P1} 串联网络对高音信号呈现最大阻抗，近似断路，电路可简化为如图 5-2（c）所示结构。C_2 对高音信号的阻抗远远小于对中低音信号的阻抗，高音信号被旁路，高音信号得到最大衰减。

（2）衰减型 RC 低音控制电路。

衰减型 RC 低音控制电路如图 5-3 所示，电路中 R_{P2} 为低音控制电位器，当滑片滑至 R_{P2} 最上端时，C_1 被短路，电路可简化为如图 5-3（b）所示结构。由于 C_2 对低音信号的阻抗远大于对高音信号的阻抗，所以对低音信号获得的输出电压也远大于对高音信号获得的输出电压，即低音信号的提升量最大。当滑片滑至 R_{P2} 最下端时，C_2 被短路，电路可简化为如图 5-3（c）所示结构。由于 C_1 对低音信号的阻抗远大于对高音信号的阻抗，所以输入信号经过 R_1、（$R_{P2}//X_{C1}$）、R_2 分压后，在 R_2 上获得的低音信号输出电压也远小于高音信号输出电压，此时低音信号的衰减量最大。

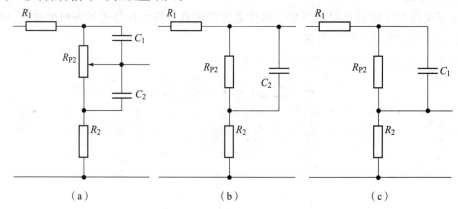

图 5-3　衰减型 RC 低音控制电路

（a）衰减型 RC 低音控制电路；（b）低音最大电路；（c）低音最小电路

3）混合型 RC 音调控制电路

如图 5-4 所示为实用的混合型 RC 音调控制电路。

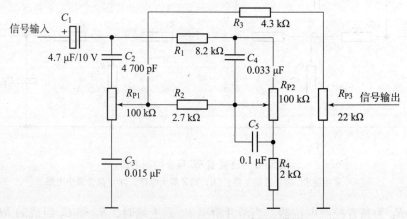

图 5-4　实用的混合型 RC 音调控制电路

电路中 C_1 为输入耦合电容，C_2、R_{P1} 与 C_3 组成高音控制电路，R_1、R_2、C_4、C_5、R_{P2} 及 R_4 组成低音控制电路，R_3 与 R_{P3} 组成音量控制电路。

当高音调节时，因 C_2 与 C_3 的电容值较小，对低音信号的阻抗较大，所以低音信号基本不受影响。当 R_{P1} 的滑片滑到最上端时，高音信号衰减最小，当 R_{P1} 的滑片滑到最下端时，高音信号衰减最大，信号经 R_3、R_{P3} 输出。

当低音调节时，因 C_4、C_5 的电容值较大，对高音信号近似短路，所以调节 R_{P2} 对高音信号无影响。当 R_{P2} 的滑片滑到最上端时，低音信号衰减最小，当 R_{P2} 的滑片滑到最下端时，低音信号衰减最大。信号经 R_2、R_3、R_{P3} 输出。

调节 R_{P3}，就改变了信号输出时的分压比，达到音量调节的目的。

2. 任务实施步骤

1）音调控制电路的装配

（1）准备。在熟悉电路原理的基础上，准备好焊接工具、电路板及元器件，元器件清单如表 5-1 所示。

表 5-1　音调控制电路装配元器件清单

名称	规格型号	数量/个	名称	规格型号	数量/个	名称	规格型号	数量/个
电阻	2 kΩ	1	电容	4 700 pF	1	电解电容	4.7 μF/10 V	1
电阻	2.7 kΩ	1	电容	0.015 μF	1	电位器	100 kΩ	2
电阻	4.3 kΩ	1	电容	0.033 μF	1	电位器	22 kΩ	1
电阻	8.2 kΩ	1	电容	0.1 μF	1			

（2）安装及焊接。在检查各元器件无损坏后，按照电路图将元器件安插在相应位置并焊牢。注意，因电路元器件较少，若前置放大器电路板上有空间，则尽量安装在前置放大器的电路板上，且 R_{P1}、R_{P2} 及 R_{P3} 的安装位置要以方便调整为宜。

2）音调控制电路的测试

进行电路测试的目的是通过测试过程，对电路的音调调节作用获得较直观的感受，测试步骤如下。

（1）准备好测试所需仪器：信号发生器一台、示波器一台。

（2）仪器连接。将信号发生器输出端接在电路的信号输入端，示波器的信号输入端接在电路的信号输出端。

（3）高音调节测试。信号发生器输出信号设定为 6 300 Hz/1 V 的正弦波信号，示波器的挡位设定为 0.05 ms/0.2 V 挡位，此时示波器上应出现清晰、稳定的正弦波信号。当调节 R_{P1} 时，波形幅度应随之发生明显变化，而调节 R_{P2} 时，波形幅度不应有明显变化，否则需检查电路连接有无问题。

（4）低音调节测试。信号发生器输出信号设定为 300 Hz/1 V 的正弦波信号，示波器的挡位设定为 1 ms/0.2 V 挡位，此时示波器上应出现清晰、稳定的正弦波信号。当调节 R_{P2} 时，波形幅度应随之发生明显变化，而调节 R_{P1} 时波形不应有变化，否则需检查电路连接有无问题。

任务二　制作保护电路

【任务目标】

（1）熟悉并理解继电器的结构与工作原理；

（2）熟悉并理解扬声器保护电路的种类及工作原理；

（3）掌握识别、检测与选用继电器的方法；

（4）熟悉扬声器保护电路结构；

（5）掌握按图组装扬声器保护电路的方法并对其进行性能检测；

（6）查找其他类型的扬声器保护电路并理解其工作原理。

一、相关知识

继电器是一种电子控制器件，具有控制回路和被控制回路，通常应用于自动控制电路中，继电器实际上是用较小的电流去控制较大电流的一种自动开关。故在电路中起着自动调节、安全保护、转换电路等作用。扩音机扬声器保护电路中一般采用电磁式继电器，如图 5-5 所示为几种常见电磁式继电器。

图 5-5　常见的电磁式继电器

1. 电磁式继电器的结构与原理

电磁式继电器结构如图 5-6 所示，一般由铁芯、线圈、衔铁、触点簧片等部分组成，其中电磁线圈一侧的回路为控制回路，触点一侧的回路为被控制回路。只要线圈中流过一定的电流，就会在线圈中产生磁场，衔铁在电磁力的吸引下克服弹簧的拉力被吸向铁芯，从而带动触点簧片的动触点向下与静触点吸合，接通被控制回路电源，负载工作。当线圈断电后，电磁铁的吸力也随之消失，衔铁就会在弹簧的作用下返回原来的位置，使动触点与静触点断开，负载回路也被断开。这样吸合、释放，从而达到了控制负载电路闭合、断开的目的。

2. 继电器主要技术参数

（1）额定工作电压。指继电器正常工作时线圈所需要的电压，根据继电器的型号不同，可以是交流电压，也可以是直流电压。

（2）直流电阻。指继电器中线圈的直流电阻，

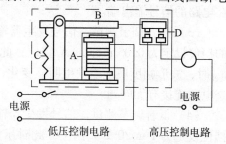

图 5-6　电磁式继电器的结构

A—线圈、铁芯组件；B—衔铁；

C—弹簧；D—触点簧片

可以通过万用表测量。

（3）吸合电流。指继电器能够产生吸合动作的最小电流。在正常使用时，给定的电流必须略大于吸合电流，这样继电器才能稳定工作。而线圈所加的工作电压，一般不要超过额定工作电压的 1.5 倍，否则会产生较大的电流将线圈烧毁。

（4）释放电流。指继电器产生释放动作的最大电流。当继电器吸合状态的电流减小到一定程度时，继电器就会恢复到未通电的释放状态，这时的电流远远小于吸合电流。

（5）触点切换电压和电流。是指继电器触点上允许加载的电压和电流。它决定了继电器能控制电压和电流的大小，使用时不能超过此值，否则很容易损坏继电器的触点。

3. 继电器的电路图形符号和触点形式

继电器线圈在电路中用一个长方框符号表示，如图 5 - 7 所示。如果继电器有两个线圈，就画两个并列的长方框，同时在长方框内或长方框旁标上继电器的文字符号"J"。继电器的触点有两种表示方法，一种是直接画在长方框一侧，这种表示法较为直观。另一种是按照电路连接的需要，把各个触点分别画到各自的控制电路中，通常在同一继电器的触点与线圈旁分别标注上相同的文字符号，并将触点组编上号码，以示区别。

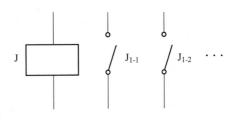

图 5 - 7　继电器的电路图形符号

继电器的触点有 3 种基本形式：

（1）动合型（H 型）：线圈不通电时两触点是断开的，通电后两个触点就闭合。以"合"字的拼音字头"H"表示。

（2）动断型（D 型）：线圈不通电时两触点是闭合的，通电后两个触点就断开。以断字的拼音字头"D"表示。

（3）转换型（Z 型）：这是触点组型。这种触点组共有 3 个触点，即中间是动触点，上下各一个静触点。线圈不通电时，动触点和其中一个静触点断开与另一个闭合，线圈通电后，动触点就移动，使原来断开的变为闭合状态，原来闭合的变为断开状态，达到转换的目的。这样的触点组称为转换触点。以"转"字的拼音字头"Z"表示。

4. 继电器的检测

（1）测量触点电阻。用万用表的欧姆挡，测量常闭触点电阻，其阻值应为 0，故而常开触点的阻值就为无穷大。由此可以辨别常闭触点与常开触点。

（2）测量线圈电阻。可用万用表欧姆挡"×10 Ω"量程测量继电器线圈的阻值，从而判断该线圈是否存在开路。

（3）测量吸合电压和吸合电流。使用可调稳压电源和电流表，给继电器输入一组电压，且在供电回路中串入电流表进行监测。慢慢调高电源电压，当听到继电器吸合声时，电压表与电流表所示值即为吸合电压和吸合电流的值。为求准确，可以多测几次求平均值。

（4）测量释放电压和释放电流。方法同上，当继电器吸合后，逐渐降低供电电压，当听到继电器再次发生释放声音时，电压表与电流表所示值即为释放电压与释放电流的值。一般情况下，继电器的释放电压为吸合电压的 10% ~ 50% ，如果释放电压太小（小于 10% 的吸合电压），就不能正常使用了，因为这样会对电路的稳定性造成威胁，工作不可靠。

5. 继电器的选用

1）掌握必要的条件

（1）控制电路的电源电压能提供的最大电流；

（2）被控制电路中的电压和电流；

（3）被控电路的组数、触点的形式。当选用继电器时，控制电路的电源电压可作为选用的依据。控制电路应能给继电器提供足够的工作电流，否则继电器吸合不稳定。

2）确定型号及规格

在确定使用条件后，可查阅相关资料，找出需要的继电器的型号和规格。若手头已有继电器，可依据资料核对是否可以利用，最后考虑尺寸是否合适。在扬声器保护电路中一般采用小型继电器，主要考虑到电路板的安装布局问题。

二、扬声器保护电路

保护电路如图 5 - 8 所示。此电路具有中点直流电位检测、开机静噪、功放输出过流保护及电路工作状态指示等功能。电路中 VT_1 及功放输出管发射极电阻组成功放管过流检测电路；R_4、C_1、C_2、VT_2 及桥式整流二极管组成功放输出级中点电压检测电路；VT_3、VT_4、VT_5、J_1 及其外围元件组成控制电路；VT_6、VT_7 及其外围元件构成的多谐振荡器与 D_2 等组成扩音机工作状态指示电路；J_{1-1}、J_{1-2} 为继电器 J_1 的常开触点，直接控制功放输出音频信号能否送入扬声器；二极管 D_1 的作用是保护三极管 VT_5，以防 VT_5 被继电器线圈的反峰电压击穿而损坏。

1. 中点直流电位检测功能

当功放输出级正常工作时，其输出只有交流信号而无明显的直流分量，中点电位为零，桥式检测器不工作，VT_2 截止，VT_3、VT_4 因无基极偏压也截止，VT_5 由 R_{10}、R_{11}、R_{12} 分压而获得基极偏压导通，继电器 J_1 通电，使常开触点 J_{1-1} 闭合，保护电路不启动。当功放输出级电路出现异常而导致某声道输出级中点出现正（负）直流电压时，此电压经 R_4（R_5）及 C_1、C_2 低通滤波后加至桥式检测器上，若直流电压绝对值大于 2 V，VT_2 的发射结将获得正偏而导通，致使 VT_3、VT_4 导通后，VT_5 因发射偏置电压减小而截止，继电器释放，J_{1-1} 断开，音箱信号通道被切断。同时因 VT_5 截止，其集电极电位与电源电位相同，使二极管 D_2 截止，+15 V 电源向 VT_6、VT_7 组成的多谐振荡器供电，使其产生振荡，发光二极管 LED 闪烁，电路处于保护状态。

2. 开机静噪功能

接通电源瞬间，C_3 近似于短路，+15 V 经 R_7、R_9 为 VT_4 提供正向基极偏流，VT_4 迅速导通，VT_5 截止，继电器不吸合，扬声器未接入放大器，避免了开机时浪涌电流对扬声器的冲击（即开机时很响的"咚"声）。延时数秒后，C_3 两端已建立了较高的上正下负直流电压，此时 C_3 等效于开路，VT_4 失去偏流转为截止。+15 V 电源经 R_{10}、R_{11} 和 R_{12} 分压为 VT_5 提供偏流，VT_5 转为导通，继电器吸合，扬声器与放大器连通进入正常工作状态。与

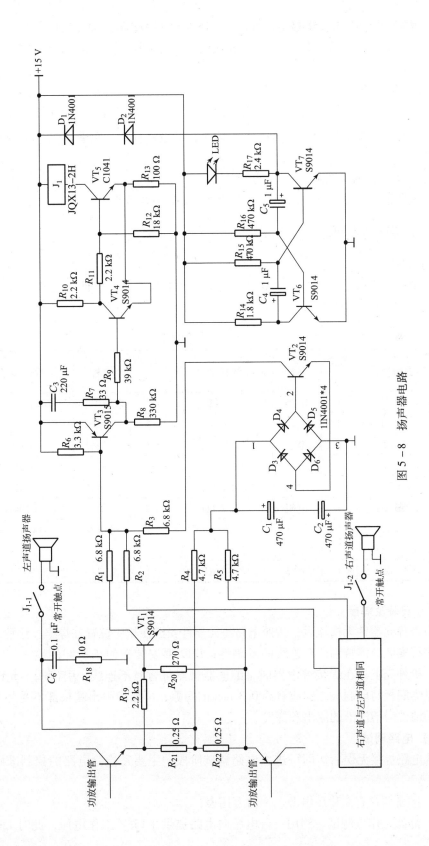

图 5 – 8　扬声器电路

此同时，因 VT_5 导通，其集电极电位降低，$+15\ V$ 经 LED、R_{17}、D_2、VT_5 的集电极到发射极、R_{13} 构成回路，由 VT_6、VT_7 及其外围元件构成的多谐振荡器因供电电压低而停振，发光二极管 LED 常亮。

3. 功放输出过流保护功能

当功放输出电流超过一定限度（由输出管发射极电阻及 VT_1 基极回路电阻参数决定）时，VT_1 导通，引起 VT_3、VT_4 导通，VT_5 截止，继电器释放，负载（音箱）被断开，使过流不至持续下去。

4. 多谐振荡器的工作原理

多谐振荡器工作原理已在前面项目中学过，此处不再重复。

三、任务实施步骤

（一）准备工作

在熟悉电路原理的基础上，准备好焊接工具、电路板及元器件，元器件清单如表 5 - 2 所示（以单声道功放为例）。

表 5 - 2　元器件清单表

名称	规格型号	数量/个	名称	规格型号	数量/个	名称	规格型号	数量/个
电阻	33 Ω	1	电阻	18 kΩ	1	电解电容	470 μF/10 V	2
电阻	100 Ω/1 W	1	电阻	39 kΩ	1	二极管	1N4001	6
电阻	270 Ω	1	电阻	330 kΩ	1	二极管	LED	1
电阻	1.8 kΩ	1	电阻	6.8 kΩ	3	三极管	S9014	5
电阻	0.25 Ω	2	电阻	470 kΩ	2	三极管	S9015	1
电阻	2.4 kΩ	1	电阻	2.2 kΩ	3	三极管	C1041	1
电阻	3.3 kΩ	1	电解电容	1 μF/15 V	2	继电器	JQX13 - 2H	1
电阻	4.7 kΩ	2	电容	220 μF/15 V	1			
电阻	10 kΩ	1	电容	0.1 μF	1			

（二）安装及焊接

在检查各元器件无损坏后，按照电路将元器件安插在相应位置并焊牢。注意，如果是用万用板进行安装，需特别注意连线的准确性；LED 要安装在便于拆卸的地方，以备日后改装到扩音机外壳上；在焊接继电器时，继电器触点可暂时不连线，引出端不允许扳动和扭转，继电器底板与印制板之间应有约 0.3 mm 的间隙，可保护引出端根部不受外力损伤，也便于焊后清洗时清洗液的流出和挥发。

（三）电路调试

确认电路焊接无误后，即可进入电路调试阶段。主要是检验电路的控制准确性，步骤如下。

（1）准备两台直流稳压电源、一台万用表；

（2）静态工作点测试。利用一台电源向电路提供 $+15\ V$ 工作电压，此时 LED 应常亮，用万用表测量关键点电位与电流，填入表 5 – 3 中。

表 5 – 3　静态工作点测试表

项目	U_{CQ4}/V	U_{BQ4}/V	U_{CQ6}/V	U_{BQ6}/V	I_{CQ6}/mA
估算值	15	15	13	12	100
实测值					

即要求在静态工作点时，VT_1、VT_2、VT_3、VT_4、VT_6、VT_7 均截止，VT_5 导通即可。

（3）中点电位检测功能测试。利用第一台电源向电路提供 + 15 V 工作电压，第二台电源输出端接在 R_4 左端与地之间，通电后应能听到继电器的吸合声，然后将第二台电源输出从 0 开始慢慢调高，当听到继电器触点释放的声音时，观察 LED 是否在闪烁并读出第二台电源的输出电压值是否为 2 V，两者必须同时满足，否则电路存在问题。若继电器已释放且第二台电源电压值为 2 V 而 LED 不闪烁，则检查多谐振荡器电路接线是否正确；若第二台电源电压值已超过 2 V 而仍未听到继电器释放的声音，则应检查 C_1、C_2 是否漏电，桥式检测电路中二极管是否开路，$VT_2 \rightarrow VT_3 \rightarrow VT_4 \rightarrow VT_5$ 通道中是否有虚焊点存在。

（4）过流保护功能测试。利用第一台电源向电路提供 + 15 V 工作电压，第二台电源输出端接在 VT_1 基极 2.2 kΩ 电阻左端与 270 Ω 电阻下端之间，通电后应能听到继电器的吸合声，然后将第二台电源输出从 0 开始慢慢调高，当电压增加到 5.5 V 左右时，应能听到继电器释放的声音，否则应检查 VT_1 是否已损坏或此部分电路中是否有虚焊点。

任务三　扩音机整机的装配与调试

【任务目标】

（1）掌握扩音机整机电路的结构及其工作原理；

（2）了解扩音机整机装配的工艺流程；

（3）掌握扩音机整机的检测与调试方法。

一、整机电路框图

如图 5 – 9 所示，扩音机整机由前置放大器、功率放大器、保护电路、音箱及电平显示电路组成。前置放大器主要对外部送进的音频信号进行放大并实施音调调节；功率放大器主要对音频信号进行功率放大以满足听音需求；保护电路主要对扬声器及功放管实施保护；音箱将放大后的音频信号还原成为声音；电平显示电路可将声音的强弱以直观的形式显示出来。

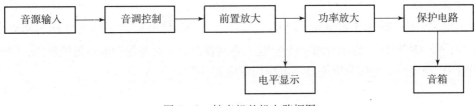

图 5 – 9　扩音机整机电路框图

二、整机电路工作原理

扩音机整机电路如图 5－10 所示。

1. 前置放大电路

此电路是典型的分压偏置小信号放大器，电路由 VT_6 及其外围元器件组成。音频信号自接口 J_2 送入，经音量电位器 R_{P2} 调节音量后由 C_1 耦合送入三极管 VT_6 基极进行电压放大，从集电极输出。R_{11}、R_{12}、R_{16}、R_{P3}、C_6、C_7 组成低音调节电路；C_8、C_9、R_{P4} 组成高音调节电路；R_{P1}、R_5、R_6 经分压后为 VT_6 提供基极偏置电压；R_8 为 VT_6 的集电极负载电阻；R_9、R_{10} 为 VT_6 的发射集负反馈电阻，以稳定其静态工作点；C_4 对交流信号旁路，以避免音频信号放大量不足。

2. 功率放大电路

本机功率放大器采用 OCL 功率放大电路，电路由 3 部分组成。

1）输入级

由 VT_7、VT_8 及其外围元件构成差分输入级电路，能有效地减少零漂，还能与前后级放大电路进行阻抗匹配。C_{11} 为输入耦合电容，信号经 C_{11} 耦合后送入 VT_7 基极进行放大，从集电极输出。R_{17} 为输入级平衡电阻，R_{13}、C_5、R_{14} 组成交直流负反馈网络。

2）中间放大级

信号从 VT_7 的集电极送入 VT_1 基极，经过 VT_1 进行电压放大后送入功率放大电路，其中 C_{15} 为高频防自激电容。同时 VT_1 还与 R_{21}、R_{22}、R_{23} 及 D_1、D_2 一起为功放管提供合适的基极偏置电压。

3）输出级

输出级采用由复合管组成的 OCL 电路，其中 VT_4、VT_5 组成 NPN 型复合管，VT_2、VT_3 组成 PNP 型复合管。C_{16} 为功放电路的自举电容，C_2、R_{33} 组成扬声器消振网络。

3. 保护电路

本机保护电路功能完善，有中点电位检测、功放管过流保护、开机静噪及整机工作状态显示 4 种功能。

R_{27}、C_{19}、C_{20}、VT_{11} 及桥式二极管组成中点电位检测电路；三极管 VT_9、VT_{14}、VT_{10}、VT_{15} 及其外围元件与继电器 J_1 等组成功放管过流保护电路；C_3、R_{36}、VT_{10}、VT_{15} 及其外围元件组成开机静噪电路；VT_{12}、VT_{13} 及其外围元件组成的多谐振荡器作为整机工作状态指示电路。

4. 电平指示电路

此电路直接采用项目四中的 LED 动态电平显示电路。

5. 电源电路

本机电源电路共输出 3 组电源。经 C_{21}、C_{22}、C_{23}、C_{24} 滤波后的 ±22 V 电压为功放电路提供主电源；经 LM7815CT 稳压后的 +15 V 电压为前置放大电路及保护电路提供电源；经 9 V 稳压二极管 D_8 稳定后的电压为电平显示电路提供电源。

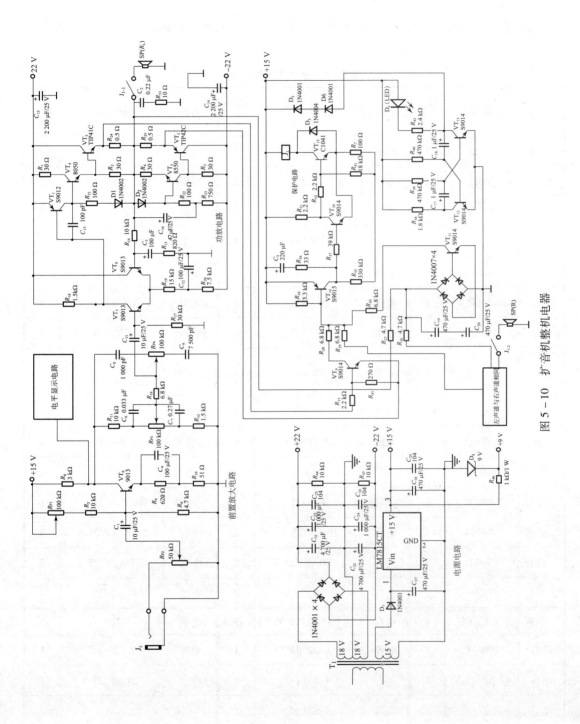

图 5 - 10 扩音机整机电器

三、整机装配

1. 准备工作

在熟悉电路原理的基础上，准备好焊接工具、音箱、机箱、电路板及元器件，元器件清单如表5-4所示（以单声道功放为例）。

表5-4　整机元器件清单

名称	规格型号	数量/个	名称	规格型号	数量/个	名称	规格型号	数量/个
电阻	10 Ω	1	电阻	1 kΩ/1 W	1	电阻	15 kΩ	2
电阻	51 Ω	1	电阻	33 Ω	1	电阻	470 kΩ	2
电阻	620 Ω	1	电阻	270 Ω	1	电阻	100 Ω/1 W	3
电阻	750 Ω	1	电阻	1.8 kΩ	1	电阻	6.8 kΩ	4
电阻	820 Ω	1	电阻	2.4 kΩ	1	电阻	10 kΩ	5
电阻	15 kΩ	1	电阻	3.3 kΩ	1	电阻	2.2 kΩ	3
电阻	3 kΩ	1	电阻	4.7 kΩ	3	稳压块	LM7815	1
电阻	30 kΩ	1	电阻	18 kΩ	1	变压器	双18 V及15 V输出/20 W	1
电阻	75 kΩ	1	电阻	39 kΩ	1	继电器	JQX13-2H	1
电阻	330 kΩ	1	电阻	30 Ω/1 W	4	三极管	S9014	4
二极管	1N4001	7	电位器	50 kΩ	1	三极管	S9015	1
二极管	1N4007	4	电位器	100 kΩ	3	三极管	C1041	1
二极管	1N4004	1	电容	10 μF/25 V	2	电容	2 200 μF/25 V	2
二极管	1N4002	2	电容	1 000 μF/25 V	2	电容	4 700 μF/25 V	2
二极管	LED	1	电容	1 μF/25 V	2	电容	470 μF/25 V	4
二极管	9 V稳压管	1	电容	100 μF/25 V	3	电容	104	3
电容	100 pF	1	电容	0.22 μF	1	电容	0.033 μF	1
电容	47 μF/25 V	1	电容	1 000 pF	1	电容	220 μF/25 V	1
电容	0.27 μF	1	电容	7 500 pF	1			
电阻	10 kΩ/2 W	1	电阻	0.5 Ω/2 W	2			

另外，还需准备信号线及插头、插口若干，如图 5 - 11 所示。

图 5 - 11　插头、插口及信号线

2. 装配

（1）检查元器件及整机配件有无损坏，经检验合格后才可开始安装。

（2）认真阅读整机电路图，用铅笔在万用电路板上绘出各元器件的走线图（绘制过程中要充分考虑元器件的形状及大小）。

（3）将元器件插上电路板并焊接，焊接过程应遵循"从前到后、先小后大"的原则。

（4）对照电路图焊接好元器件间的连线。

（5）对电路板进行质量检查并调试好后，装入机箱并紧固。

3. 装配质量检查

1）外观检查

（1）检查电路板是否有开裂、开焊及多余焊料现象。

（2）检查元器件安装是否牢固，导线有无损伤。

（3）检查整机表面有无损伤，涂层有无划痕、脱落，整机活动部分是否活动自如。

（4）机内有无多余物（如焊料渣、零件、导线头、金属屑等）。

2）装连正确性检查

检查电气连接是否符合电路原理图和接线图的要求，导电性能是否良好。一般用万用表的欧姆挡"×100 Ω"量程对各检查点进行检查。

3）绝缘性能检查

主要检查电路导电部分与外壳之间的电阻值。一般用兆欧表的 500 V 挡检查，所得绝缘电阻应不小于 2 MΩ。

四、整机调试

因扩音机内各单元电路的调试在前述各项目中已有详细说明，所以此处的调试重点是对扩音机的宏观调试，相对较为简单，但也必须遵循一定的步骤。

1. 工具准备

准备好万用表一台、低频信号发生器一台、示波器一台。

2. 调试步骤

（1）通电后用万用表检查电源电压是否正常、各单元电路供电是否正常。

（2）用万用表检查各单元电路中三极管的静态工作点是否正常。

（3）将信号发生器接入前置放大器的输入端，示波器接入功放电路的输出端，通电后分别送入 1 kHz/100 mV、5 kHz/100 mV 的正弦波信号，并调节音量电位器，从示波器上观察信号能否被不失真放大，若不能则需从后向前逐级检查，直到找出问题所在并解决为止。

（4）从整机输入端接入音乐信号，用音箱监听音乐是否有失真，音量电位器及高低音电位器是否能正常调节。

项目测评

1. 实训报告

（1）绘制扩音机整机电路；

（2）叙述扩音机整机电路工作过程；

（3）记录测试数据；

（4）根据实训结果填写实训报告。

2. 项目评价

项目考核内容	考核标准	考核等级
电路分析	会识别电路中各元器件；能描述信号在整机电路中的处理过程	
装配与焊接工艺	焊盘无损坏；焊点整齐美观、无虚焊；线路连接规范、有条理；各单元电路布局合理；各调节器件安装到位、便于调节	
电路调试与检测	会检测电路中特殊元器件质量的好坏；会用示波器观测电路中各关键点的信号波形；会根据产品性能要求对电路进行调试	
功能实现	整机电路能正常工作；各调节器件能实现调节功能	

任务拓展

制作简单音箱

音响设备中，担任人机界面的电声转换设备——音箱，号称音响系统的喉舌，音响源的最终重新演绎全赖于此，可见其于音响系统中的重要地位。音箱造价少则几十元，多则耗资几千甚至上万元，更有几十万元不等，但不管是哪一种音箱，都应包含有扬声器、分频器及箱体等部分。作为初学者来说，重点是认识这些器件，并在条件允许的情况下，能动手制作出简单的音响系统。这节任务中将学习如何制作一套简单的音响系统。

1. 扬声器

扬声器是各种音响设备的终端，是音响设备中不可缺少的器件，其主要任务是将经过处理后的音频信号电流还原成声音。如图 5 - 12 为扬声器的实物图、结构图及电路图形符号。

1）扬声器的种类

按其换能原理可分为电动式（即动圈式）、静电式（即电容式）、电磁式（即舌簧式）、压电式（即晶体式）等几种，按频率范围可分为全频带扬声器、低音扬声器、中音扬声器、高音扬声器等。电动式扬声器应用最广泛，其又分为纸盆式、号筒式和球顶形 3 种。

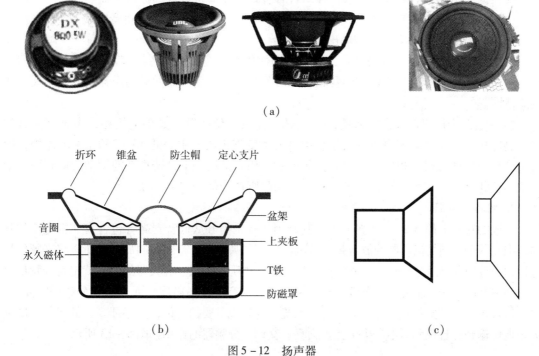

图 5 – 12　扬声器

（a）实物图；（b）电动纸盆式扬声器结构图；（c）电路图形符号

2）电动纸盆式扬声器结构

如图 5 – 12（b）所示，电动纸盆式扬声器由 3 部分组成。

（1）振动系统。包括折环、锥盆、音圈和定心支片等；

（2）磁路系统。包括永久磁体、上夹板和 T 铁等；

（3）辅助系统。包括盆架、接线板、折环和防尘帽等。

3）电动纸盆式扬声器的工作原理

当音频电流流入音圈时，就在音圈中产生随音频电流而变化的磁场，磁场的方向与永久磁体的磁场方向垂直，因此音圈受到磁场力的作用而发生上下位移，带动锥盆一起移动，由锥盆的震动而产生声音。

4）扬声器的主要性能指标

扬声器的主要性能指标有灵敏度、频率响应、额定功率、额定阻抗、指向性以及失真度等参数，重点介绍额定功率与额定阻抗。

（1）额定功率。扬声器的功率有标称功率和最大功率之分。标称功率又称额定功率、不失真功率，指扬声器在额定不失真范围内容许的最大输入功率，在扬声器的商标、技术说明书上标注的功率即为额定功率。最大功率是指扬声器在某一瞬间所能承受的峰值功率，为保证扬声器工作的可靠性，一般扬声器的最大功率为标称功率的 2 ~ 3 倍。

（2）额定阻抗。扬声器的阻抗一般和频率有关。额定阻抗是指当音频为 400 Hz 时，从扬声器输入端测得的阻抗，一般是音圈直流电阻的 1.2 ~ 1.5 倍。动圈式扬声器常见的阻抗有 4 Ω、8 Ω、16 Ω、32 Ω 等。

5）扬声器的使用

要根据使用场合对声音的要求，并结合各种扬声器的特点来选择扬声器。

（1）扬声器得到的功率不要超过其额定功率，否则将烧毁音圈或将音圈震散。

（2）注意扬声器的阻抗应与输出线路配合。

（3）要正确选择扬声器的型号，如在广场使用时，应选用高音扬声器。在室内使用时，应选用纸盆式扬声器，并选好辅助音箱，也可将高、低音扬声器做成扬声器组，以扩展频率响应范围。

（4）当两个扬声器放在一起使用时，必须注意相位问题。如果是反相，声音将显著削弱。测定扬声器相位的最简单方法是利用高灵敏度表头或万用表的 50～250 μA 电流挡，把表笔与扬声器的接线头相连接，双手扶住纸盆，用力推动一下，若指针的摆动方向相同，则表示相位相同，此时可把与正表笔相连的音圈引脚作为信号"＋"极。

2. 制作分频器

一般的音箱上都有 2～3 个扬声器，其原因是音乐信号从低音到高音包含有非常宽广的频率范围，一个全频带扬声器的放音频率范围满足不了高品质听音效果的需要，所以将音频信号进行频率范围分割后分别送入不同的扬声器，以实现听音需求。分频器的任务就是对音频信号进行频率范围分割，常说的二分频音箱就需要高、低音两个扬声器单元，而三分频则需要高、中、低音 3 个扬声器单元。分频器在音箱系统中占有很重要的地位，要保证高、低音信号准确无误地传输到各自单元而不产生干扰、失真、交调。分频器的作用如图 5－13 所示。

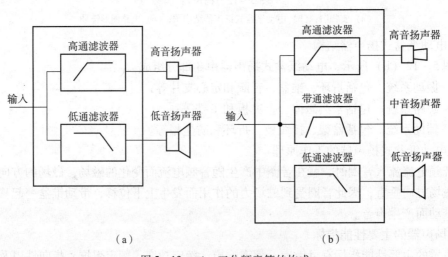

（a） （b）

图 5－13 二、三分频音箱的构成

（a）二分频；（b）三分频

1）分频器的类型

常见的分频器有功率分频器与电子分频器两种。

（1）功率分频器位于功率放大器之后，设置在音箱内，通过 LC 滤波网络，将功率放大器输出的功率音频信号分为低音、中音和高音，分别送至各自的扬声器单元。功率分频器电路连接简单、使用方便，但消耗功率，重放质量与扬声器的特性参数有很大关系，因此误差也较大，不利于调整。业余条件下一般采用此种分频方式。

（2）电子分频器设置于功率放大器之前，将音频弱信号进行分频，分频后再用各自独立的功率放大器把每一个音频频段信号给予放大，然后分别送到相应的扬声器单元。因电流较小故可用较小功率的电子有源滤波器实现，其调整较容易、功率损耗少、扬声器单元之间的干扰也小，使得信号损失小、音质好。但此方式每路信号要用独立的功率放大器，成本高、电路结构复杂，适用于专业扩声系统。

2）分频器电路

如图 5 – 13 所示，分频器电路由若干节滤波器组成。

常用滤波器电路及其频率响应曲线如图 5 – 14 所示，L、C 元件以不同的组合形式出现，对信号产生不同的滤波作用。电路的滤波功能主要是利用了电感元件通低阻高的特性和电容元件通高阻低的特性来实现的。元件取值不同，就决定了其频率特性转折点的位置，具体原理请自行分析。

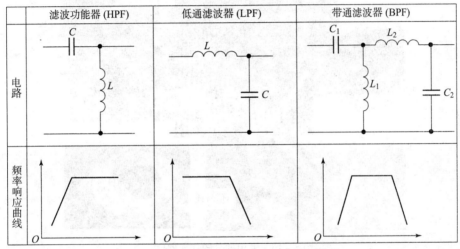

图 5 – 14　常用滤波器电路及其频率响曲线

实用二分频电路如图 5 – 15 所示。

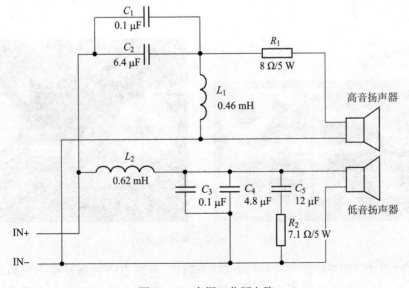

图 5 – 15　实用二分频电路

图中 C_1、C_2 及 L_1 构成高通滤波器，C_3、C_4 及 L_2 构成低通滤波器，R_1、R_2、C_5 构成高、低音单元的衰减网络，使高、低音信号在重放时能达到平衡。

3）制作分频器

（1）准备工作。按电路图准备好元器件及电路板，因分频器电路是整机电路的最后一级，其电路的性能直接影响到听音效果，所以电路中各元器件及信号线要求尽量采用精品元件，建议到专门的音响器材店购买。常用的元件如图 5 – 16 所示。

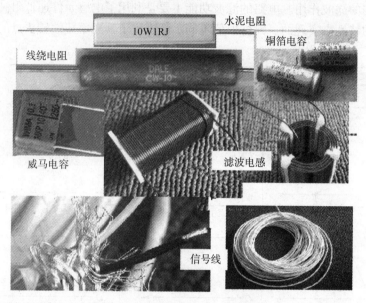

图 5 – 16　常用的分频器元器件

（2）安装及焊接。在检查各元器件无损坏后，按照电路图将元器件安插在相应位置并焊牢。焊接时应注意将高、低分频器尽量分两块电路板安装。安装完成的分频器电路板如图 5 – 17 所示。

图 5 – 17　成品分频器电路板

（3）电路调试。因分频器的效果与电路元器件、分频点的选择及扬声器的特性参数等因素都有关系，且在业余条件下没有专业测试设备，只能在整机组装完成后凭听觉进行调试，所以此处不过多涉及与调试相关的内容。

3. 制作业余音箱

音箱的主要作用是消除声短路，提高低音声压和均匀度，从而改善扬声器低频段的声特性。

1）音箱的类别

按音箱的结构来分，有限大障板型、背面敞开型、封闭型、倒相型、空纸盆型、对称驱动型音响等，常用的有封闭音箱和倒相音箱两种，其结构如图 5-18 所示。

2）音箱材料

（1）优质木材。如红木、花梨木、桃木、檀木等名贵硬木，最好是无接缝的整板。此类木材为制作音箱的顶级材料，常用于极品音箱中。次之为花柳木、枣木、梓木等，需干燥处理后方可使用。

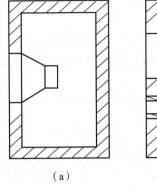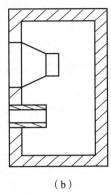

图 5-18　封闭音箱和倒相音箱

（2）中密度纤维板。此类板材采用最多、成本低、材料易购、加工方便。但强度较差、材质细碎松软、刚性差、常用于制作低档音箱。

（3）中密度刨花板，也称压模板。强度较高、成本低、常用于制作中、低档音箱。

（4）高密度纤维板、刨花板以及胶合板，强度很高，隔音性能好，材料较易找，是业余制作优质发烧音箱的首选材料。只是成本稍高，需要专用工具加工。

（5）无机物。常用石质板料（大理石、混凝土板、花岗岩石板、石膏板等）以特殊工艺成形，如混凝土浇铸成形，或干脆用厚重的大陶罐作箱体。无机物板料具有音染小、声场稳定等优点，常为发烧音响制作高手采用。

（6）工程塑料、聚丙烯、增强改性环氧树脂、厚有机玻璃板等。利用现代先进材料技术制成，许多欧美专业音箱厂商均用此技术创制出高档、高质音箱，业余条件下难以实现。

（7）金属材料。主要用于专业音箱和特殊场合，如舞台音箱、移动音箱、体育用全天候音箱、军事用全天候移动式音箱等。

3）制作方法

（1）板材结合，此为绝大多数音箱，包括一些极品音箱所采用的方法。工艺成熟、简便，适于工厂化生产。

（2）浇铸成形，此法最适于制作混凝土音箱。

（3）掏腔法，可分为以下两类：

a. 顶级发烧音箱，将整块名贵硬木或结实石料掏出空腔，作为箱体。

b. 大地音箱，即将地上掏空，做好干燥防潮处理，再装上面板及喇叭单元。成本低、音质亦很好，作超低音重放恰到好处，但其缺点是不能移动。

4）制作步骤

音箱的种类较多，用途也不尽相同，本任务中以制作一个二分频封闭音箱为例进行说明。

（1）确定制作方案。本音箱用 100 mm 低音扬声器和球顶高音扬声器构成二分频扬声器系统；音箱形式采用超小型封闭式；外购分频网络和衰减器；音箱装饰采用涂饰和贴木纹贴面两种方式。

（2）选择扬声器。低音扬声器选用4L－60型；高音扬声器选用FT39D型。

（3）选择分频网络和衰减器。查找资料，到音响器材专卖店选用配套的分频网络和衰减器。

（4）确定音箱尺寸。根据扬声器的特性参数，并查阅相关资料，再考虑开箱体板材的厚度（18 mm），最终确定本音箱的尺寸为：外高 ＝263 mm，外宽 ＝170 mm，外厚 ＝139 mm。

（5）画出音箱设计图，如图5－19所示。

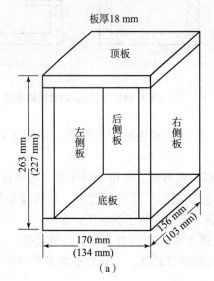
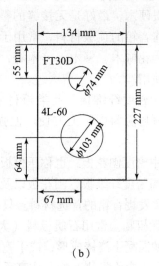

图 5 – 19　音响设计图

（a）箱体尺寸；（b）前面板尺寸

（6）准备工具和材料。

所需工具：锯、电钻、刨子、木工锉刀、螺丝刀、锤子、角尺、刻度尺等。

所需材料：扬声器、分频板、信号线、接线柱、三合板（900 mm ×900 mm^2）、吸声棉、木纹贴面、胶黏剂、木工油泥、钉子等。

（7）画板并下料。在三合板上按箱体尺寸画好下料图，并用锯分割，用电钻钻出扬声器孔和分频板接线孔。注意在画下料图时，可同时画好两只音箱的下料图，以避免浪费。

（8）组装步骤要遵循底板→后面板→顶板→左右侧板→分频板→吸声材料→前面板→接线柱→贴面纸→扬声器的顺序，以提高工作效率。

5）制作工艺要求

制作工艺的八字方针为"加固消振，避免音染"。在音箱中的薄弱环节，广泛合理地使用加强筋。箱体内各个面的结合角，要用足量的胶，粘上粗壮的硬三角木或方木棒，再加木螺钉紧固。注意不要对称地安装加强筋，以免产生共振现象。

项目小结

本项目主要介绍了音调电路和保护电路的制作及调试方法，通过本项目的学习，应对音调电路和保护电路有一定的认识，掌握其在制作扩音机整机调试电路中的作用。

（1）音调控制的基本原理。

（2）音调电路的装配与调试。

（3）继电器的检测与使用。

（4）扬声器保护电路的装配与调试。

（5）扬声器的种类与选用。

（6）分频器的制作。

（7）业余音箱的制作。

思考及练习

一、填空题

1. 音调取决于声音_____的高低，而与_____的大小无关。

2. 在普通功放中，音调控制电路主要由_____控制电路与_____控制电路组成。

3. 继电器中的触点类型有_____触点与_____触点两种。

4. 在测量继电器的线圈电阻时，常用万用表的_____挡的_____量程进行。

5. 功放输出级中点电位检测电路中的起控电压一般设定为_____V。

6. 常用的电动式扬声器有_____、_____和_____3种，电动式扬声器主要由_____系统、_____系统和_____系统组成。

7. 常见的分频器有_____分频器和_____分频器两种，在分频器中常用的滤波器有_____滤波器、_____滤波器和_____滤波器3种。

8. 在制作音箱时，为了吸收声能、减少箱振，在箱体内一般要添加_____材料。

二、简答题

1. 请简述电磁式继电器的检测方法。

2. 如何判断电动式扬声器的好坏？

3. 请简述功放输出管过流保护电路的工作原理。

三、分析题

现有一台额定功率200 W的功放机，应选用多大功率的扬声器？请说明理由。

组装调频无线话筒

6.1 项目导入

调频无线话筒是由低频部分电路、高频部分电路、天线与传输线、直流电源电路构成。低频部分电路用于声音的变换及放大，这部分的频率较低。高频部分电路用于高频振荡的产生、放大与调制。学习基本组成单元电路的相关知识是组装调频无线话筒的基础。

项目任务书

项目名称	组装调频无线话筒
项目目标	1. 知识目标 （1）了解无线电波的发射与接收、调制与解调； （2）理解调频电路的工作过程； （3）熟悉发射机和超外差接收机的工作框图及调频无线话筒的电路图，并明确工作框图与电路图的对应关系； （4）掌握调频无线话筒电路和超外差接收机电路的检测方法，明确重要测试点，当电路有故障时，能通过测量检测出来。 2. 技能目标 （1）熟练测量调频电路的常用元器件，掌握该电路常用元件的筛选方法； （2）熟练测量调频电路，并灵活运用调频电路； （3）熟练根据电路图在万能电路板上进行元器件布局并焊接电路，按照焊接动作要领进行焊接，并且焊点质量可靠； （4）熟练测量调频无线话筒电路的电压、电流与波形参数，并根据测量数据分析电路的工作状态，进行故障判断和排除； （5）熟悉超外差接收机电路图，能初步画出超外差接收机整机电路草图； （6）熟练测量超外差接收机电路的电压、电流与波形参数；并根据测量数据分析电路的工作状态，进行故障判断和排除

续表

项目名称	组装调频无线话筒	
操作步骤	第一步 识读调频无线话筒的电路图——基本知识	
	第二步 元器件筛选	
	第三步 按图装配调频无线话筒	
	第四步 按作业指导书检测与调试	
	第五步 总装与功能演示	
	第六步 识读超外差接收机电路图——基本知识	
	第七步 按图装配超外差接收机	
	第八步 调试超外差接收机	
任务要求	2～3人为一组，协作完成任务	

6.2 项目实施

任务一 组装调频无线话筒

【任务目标】

（1）了解无线电波的发射与接收、调制与解调；理解调频电路的工作过程。

（2）熟知该电路常用元器件的特性、参数、选配原则。

（3）熟悉发射机的工作框图及调频无线话筒的电路图，并明确工作框图与电路图的对应关系。

（4）掌握电路中各元器件的作用、参数要求、元器件代换的规则。

一、调频无线话筒的基本知识

（一）调频无线话筒的组成

一般调频无线话筒的组成框图如图6-1所示。

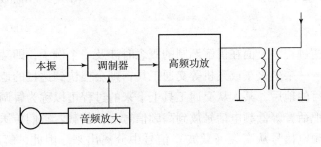

图6-1 调频无线话筒的组成

调制技术在手机中的应用简单而言就是将话音信息经过调制发射出去，再通过无线电波传给基站。基站也可以将语音等相关信息经过调制发射出去，最后，通过无线电波传给手机。比如，某人从广州到武汉出差，如果步行到目的地，则要花费很长的时间。若借助一个载体——乘坐火车或飞机等交通工具，则会很快到达目的地。低频信号能量小，不能由天线发射；高频信号能量大，可以由天线发射。同理，将所需传送的低频电信号"装载"到"运输工具"即高频无线电波上，然后一起由发射天线发射出去，这样，可很快将装载有低频电信号的高频无线电波通过空间发送到目的地。

1. 调制

1）概念

将低频电信号加到高频无线电波上一起发射出去，这个过程称为调制。被传送的低频电信号称为调制信号，运载低频电信号的高频无线电波称为载波，装置整体称为调制器。

2）分类

调制分为模拟调制和数字调制。模拟调制就是高频信号的幅度、频率、相位随着低频模拟信号的变化而发生变化；数字调制就是高频信号的幅度、频率、相位随着数字基带 1 信号或 0 信号的变化而发生变化。

在无线电广播中模拟调制常采用调幅或调频两种调制方式。数字调制分为 ASK（幅度键控）、FSK（频移键控）、PSK（相移键控），频移键控主要应用在寻呼机、无线电话、手机当中，应用范围极其广泛。

3）模拟调制中的调幅和调频

（1）调幅。高频信号的幅度随着低频信号的幅度变化而发生变化，将调制信号装载到载波上的过程称为调幅，装载着调制信号的载波称为调幅波，如图 6-2 所示。

（2）调频。高频信号的频率随着低频信号的频率变化而发生变化，将调制信号装载到载波上的过程称为调频，装载着调制信号的载波称为调频波，如图 6-3 所示。

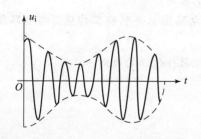

图 6-2　调幅波

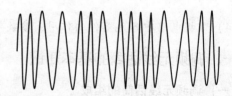

图 6-3　调频波

2. 解调

解调是调制的逆过程。上面在讲解调制的概念时涉及一个例子，即某人从广州到武汉出差，借助一个载体——乘坐火车或飞机等交通工具，则会很快到达目的地；如果将这个过程称为调制，则达到目的地后，某人从交通工具上下来的过程可以称为解调。

调制的目的是把话音等低频电信号放到高频信号上，装载着它们传送到目的地。到达目的地后，必须把低频电信号从高频（载波）信号中分离出来。因此，解调就是将低频电信号从高频已调波信号中分离出来的过程。

不管是模拟调制还是数字调制，其逆过程统称为解调。具体而言，调制中调幅波的解调称为检波；调频波的解调称为鉴频。

（二）驻极体话筒的检测

驻极体话筒检测的具体操作如图 6-4 所示，可分为以下 5 步进行。

（1）将万用表置于欧姆挡，选取 "×100 Ω" 量程。

（2）红表笔接源极（该极与金属外壳相连，很容易辨认），黑表笔接另一端的漏极。

（3）对着话筒吹气，如果质量好，万用表的指针应摆动。

（4）比较同类话筒，摆动幅度越大，话筒灵敏度越高。

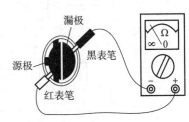

（5）若在吹气时指针不动或用劲吹气时指针才有微小摆动，则表明话筒已经失效或灵敏度很低。

【注意】 如果测试的是三端引线的驻极体话筒，只要先将源极与接地端焊接在一起，然后便可按上述同样的方法进行测试。

图 6-4　驻极体话筒的检测

二、调频无线话筒基础电路

（一）电容三点式振荡电路

1. 电容三点式振荡电路

电容三点式振荡电路如图 6-5 所示。图中 R_{b1}、R_{b2}、R_e、C_e、C_b 分别为偏置电阻、旁路电容和隔直流电容。开始振荡时电路中的电阻决定静态工作点的位置；当振荡产生以后，由于晶体管的非线性，工作状态进入到截止区，电阻 R_e 又起自偏压作用，从而限制和稳定了振荡的振幅。扼流电感 L_c 防止电源对回路旁路，也可以用一较大的电阻代替。

2. 克拉泼电路

上述电容三点式振荡电路虽然有电路简单、振荡的频率范围宽、波形好的优点，在许多场合得到应用，但若从提高振荡器的频率稳定性看，还存在一些有待克服的缺点。由于振荡器的频率基本上取决于回路的谐振频率，凡是能够引起谐振回路的谐振频率变化的因素，都会引起振荡频率的变化。在电容三点式振荡器中，由于晶体管极间电容（主要是结电容）直接和回路元件 L、C_1、C_2 并联，而结电容又随温度、电压、电流变化而不稳定，因此减小晶体管的输入、输出电容对频率稳定度的影响仍是一个必须解决的问题，于是出现了改进型的电容三点式振荡电路——克拉泼电路，电路如图 6-6 所示。

克拉泼电路是一实用电路，其特点是在回路中增加了一只与 L 串联的电容 C_0，C_0 与 L 的串联电路在振荡频率上等效为一只电感，整个电路仍属于电容三点式电路。由图可以看出，电容 C_1 和 C_2 只是整个谐振回路的一部分，或者说晶体管以部分接入的方式与回路连接，这样就减弱了晶体管与回路的耦合。当 C_1 和 C_2 的串联电容大于或远大于 C_0 时，振荡回路的总电容 $C \approx C_0$。相比之下，C_1 和 C_2 对振荡频率的影响大大减小，而晶体管的结电容 C_{ce}、C_{be} 又都直接并在 C_1 和 C_2 上，只影响 C_1 和 C_2，不影响 C_0。可见 C_0 越小，晶体管极间电容对回路的影响就越小。于是，振荡频率为

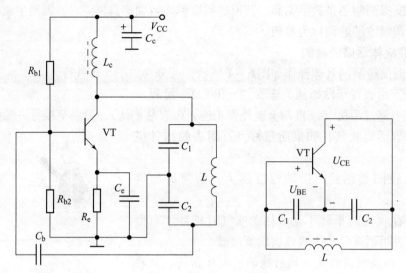

图 6-5 电容三点式振荡电路

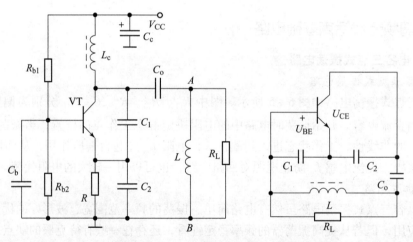

图 6-6 电容三点式振荡改进电路——克拉泼电路

$$f = \frac{1}{2\pi \sqrt{LC}} \approx \frac{1}{2\pi \sqrt{LC_o}}$$

可见克拉泼电路的振荡频率几乎与 C_1、C_2 无关，克拉泼电路的频率稳定度比电容三点式电路要好。经理论分析，克拉泼电路亦存在以下几项缺点。

（1）如果 C_1、C_2 过大，则振荡幅度会过低。

（2）当减小 C_o 以提高振荡频率时，振荡幅度显著下降，但当 C_o 减到一定程度时，可能停振，因此振荡频率的提高可能受到限制。

（3）通常 LC 振荡器都是波段工作的，常用可变电容来改变其振荡频率，在克拉泼电路中 C_o 就是可变电容器。当改变 C_o 时，会使振荡器在波段范围内振荡的幅度变化也大，使所调波段范围内输出信号的幅度不平稳，因此可以调节的频率范围（也称频率覆盖）不够宽。

3. 电容三点式振荡功能验证的要求

（1）电路连接要可靠，引线要尽量短；为了便于测试，电路的输入、输出和重要测试点应焊有便于与仪器测试夹连接的接线柱。

（2）为了提高测量数据精度，信号源、频率计、示波器、毫伏表等仪器一般要经过几分钟的预热后，才能进行测量；仪器在使用中尽量不要关闭电源，以减少开启电源对仪器内部电路的冲击，使仪器处于最佳的热稳定状态；振荡电路通电后也需要经过一段时间才会稳定；当毫伏表空闲时可将两测试夹及时短接，以保护表头，尽量不频繁采用将量程转换至大量程的方法保护表头；使用示波器时，光迹亮度要适中，当示波器空闲时应将光迹亮度调暗。

（3）实训中，要逐渐树立职业意识。要求测量操作规范，读取数据精确。注意理论联系实际，提高专业素质。

（4）实训中要注意人身安全、仪器设备安全，一旦发现安全方面的异常情况应及时断电，并向实习指导老师报告。

4. 验证电容三点式振荡电路功能

（1）按如图 6 - 7 所示连接电路，检查无误后通电。将集电极电流调节到 0. 3 mA 左右，用示波器观察 VT 发射极（测试点 TP），若有正弦波产生，则表明电路已经振荡；若没有正弦波产生，则表明电路没有振荡，此时应检查谐振回路及其各元器件是否连接正确，检查交流通路电容 C_b 是否连接完好，若元器件损坏可用同规格型号的元器件代换。若振荡波形有畸形，则可微调电位器 R_P 消除。

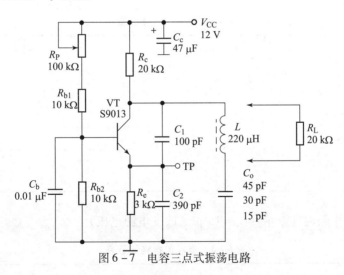

图 6 - 7　电容三点式振荡电路

（2）电路振荡正常后，按表 6 - 1 的要求，用示波器测量正弦波的幅度和周期，用频率计测量正弦波的频率和周期，比较用示波器和频率计读出的周期，分析误差原因，以提高使用示波器测量时间的读数精度。

（3）由于电路的工作频率较高，并考虑到电路输出阻抗的因素，为了提高测量精度，故推荐使用一根探头轮换接示波器和频率计的方法进行测量，探头衰减置 1∶1，即用示波器测量时将探头接至示波器，用频率计测量时将该探头接至频率计。

（4）测量电路（暂不接 R），按表 6 - 1 的内容测量。

表 6 – 1　电容三点式振荡电路测量表

电容 C_o/pF	用示波器测量		用频率计测量		周期的读数误差原因分析（以频率计为基准）
	幅度/V	周期/μs	频率/kHz	周期/μs	
45					
30					
15					

（5）谐振回路电感 L 两端并联 $R = 20$ kΩ 的电阻器，按表 6 – 2 的内容测量。

表 6 – 2　电容三点式振荡电路测量表

电容 C_o/pF	用示波器测量		用频率计测量		周期的读数误差原因分析（以频率计为基准）
	幅度/V	周期/μs	频率/kHz	周期/μs	
45					
30					
15					

（6）研究克拉泼电路的特点，按表 6 – 3 的内容测量（ $C_o = 15$ pF）。

表 6 – 3　克拉泼电路测量表

电容 C_o/pF	用示波器测量		用频率计测量	
	幅度/V	周期/μs	频率/kHz	周期/μs
15				
$C_1 = 30$、$C_2 = 390$				
$C_1 = 100$、$C_2 = 30$				
叙述克拉泼电路的特点				

（7）按表 6 – 4 的内容测量（ $C_o = 15$ pF，改变电源电压）。

表 6 – 4　克拉泼电路测量表

$C_o = 15$ pF					
电源电压/V	6	8	10	12	14	16
用频率计测得的频率/kHz						
用示波器测得的振幅/V						

（8）电源电压调回 12 V，谐振回路电感 L 换成 455 kHz 谐振体，组成石英晶体（并联）振荡器，按表 6 – 5 的内容测量电路谐振频率。

表6-5　石英晶体振荡器测量表

$L = 455$ kHz 的谐振体	用示波器测量		用频率计测量	
电容 C_o/pF	幅度/V	周期/μs	频率/kHz	周期/μs
15				
30				
45				
叙述电路特点				

（二）调频电路

1. 压控振荡器直接调频电路

直接调频电路是利用调制信号直接控制振荡器的频率而实现调频的。压控振荡器（VCO）的特点是瞬时频率随外加控制电压的变化而变化。压控振荡器的输出信号即为调频信号。在压控振荡器中，最常用的压控元件是压控变容二极管，也可以采用由晶体管及场效应管等放大器件组成的电抗管作为等效压控电容或压控电感。

压控振荡器直接调频的主要优点是在实现线性调频的要求下，可以获得相对较大的频偏；其主要缺点是调频过程中会导致载频（FM 的中心频率）偏移，频率稳定性较差。通常需要采用自动频率控制电路来克服载频的偏移。

2. 变容二极管

半导体二极管具有 PN 结，PN 结具有电容效应，包括扩散电容与势垒电容效应。当 PN 结正偏时，扩散电容起主要作用；当 PN 结反偏时，势垒电容起主要作用。为了充分利用 PN 结的电容，PN 结必须工作在反向偏置状态。采用特殊制作工艺可使二极管的势垒电容能灵敏地随反向偏置电压的变化而呈现较大的变化。这样就制成了专用的变容二极管或 MOS（金属－氧化物－半导体）变容二极管。变容二极管的结电容变化曲线如图6-8所示。

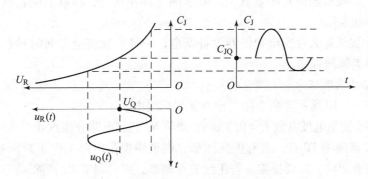

图6-8　变容二极管的结电容变化曲线

在如图6-8所示曲线中，C_J 为变容二极管结电容；U_R 为加在变容二极管上的反向电压；U_Q 为加在变容二极管上的反向静态（直流）电压，C_{JQ} 为与 U_Q 对应的结电容；$u_{R(t)}$ 为单一频率调制信号。

3. 实际的变容二极管调频电路

实际的变容二极管调频电路如图 6 – 9 所示。

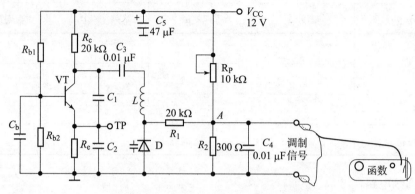

图 6 – 9　变容二极管的直接调频电路

振荡器由克拉波电路构成，克拉波电路中的 C_o 换成了变容二极管 D，调制电路由电阻分压电路构成，调节 A 点电位，即可确定载波中心频率，加入幅度适当的调制信号，调频电路即可输出调频信号。

4. 调频电路组装工艺要求

（1）电路连接要可靠，引线要尽量短；为了便于测试，电路的输入、输出和重要测试点应焊有便于与仪器测试夹连接的接线柱。

（2）实训中，为了提高测量数据精度，信号源、频率计、示波器、毫伏表等仪器一般要经过几分钟的预热后，才能进行测量；仪器在使用时尽量不要关闭电源，以减少开启电源对仪器内部电路的冲击，使仪器处于最佳的热稳定状态；振荡电路通电后也需要经过一段时间才会稳定；当毫伏表空闲时可将两测试夹及时短接，以保护表头，尽量不频繁采用将量程转换至大量程的方法保护表头；使用示波器时，光迹亮度要适中，当示波器空闲时应将光迹亮度调暗。

（3）实训中，要逐渐树立职业意识。要求测量操作规范，读取数据精确。注意理论联系实际，提高专业素质。

（4）实训中要注意人身安全和仪器设备安全，一旦发现安全方面的异常情况应及时断电并向实习指导老师报告。

5. 调频电路功能验证

（1）按如图 6 – 10 所示连接电路，检查无误后通电。

（2）调节 R_V 使集电极电流 $I_C = 0.3$ mA；调节 R_P 调制电路分压点 A。

（3）用示波器观测 TP 点，若有振荡波形，则说明振荡电路工作正常，若无振荡波形，则说明振荡电路有故障，需要排除。若正弦波有畸形，则可调节 R_P 消除。

（4）振荡电路产生的正弦波正常后，用频率计测量其振荡频率，该频率就是调频电路的中心频率（载波频率），记作 f_0。

（5）按表 6 – 6 的内容进行测试，调节 R_P 使 U_A 在 0.5 ~ 5.5 V 内变化，记录每一个电压值对应的振荡频率。

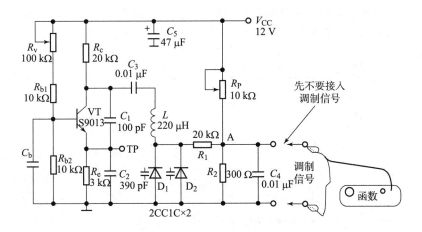

图6-10　实训用变容二极管的直接调频电路

表6-6　调频电路测量表

U_A/V	0.5	1.0	1.5	2.0	2.5	3.0 —— f_0	3.5	4.0	4.5	5.0	5.5
频率/kHz											

（6）根据表6-6的测量数据，在U-f坐标中绘制U-f曲线，如图6-11所示。频率轴的刻度要根据实测频率确定，以方便绘制U-f曲线。

（7）观测调频波。将U_A调为3 V，将函数信号接入电路，作为调制信号，将调制信号分别置为方波、三角波、正弦波，信号幅度适当，频率可在几百到几千赫兹范围内调节。用示波器观察输出的调频波，画出用方波、三角波、正弦波调制的调频波（各画一个），并说明各波形的特点。

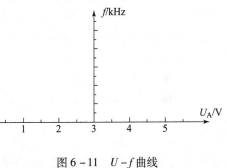

图6-11　U-f曲线

（8）观察调频产生的寄生调幅现象。在观察调频电路输出的调频波时，如果将示波器的扫描时间调节到较慢挡（ms/div）时，会观察到调频波的包络是起伏的，不是等幅波，有调幅现象，这就是寄生调幅现象。变容管直接调频电路有寄生调幅现象是其缺点之一，而且电路本身无法克服这种现象，必须在调频之后加一级限幅电路才能消除。

三、调频无线话筒的整机电路分析与装配

（一）电路分析

调频无线话筒的整机电路如图6-12所示。高频三极管VT和电容C_3、C_5、C_6组成一个电容三点式的高频振荡器。三极管集电极的负载C_4、L组成一个谐振器，谐振频率就是调频话筒的发射频率，根据图中元器件的参数可知发射频率可以在88～108 MHz之间，正好

覆盖调频收音机的接收频率，通过调整 L 的数值（拉伸或者压缩线圈 L）可以方便地改变发射频率，避开调频电台。发射信号通过 C_4 耦合到天线上再发射出去。

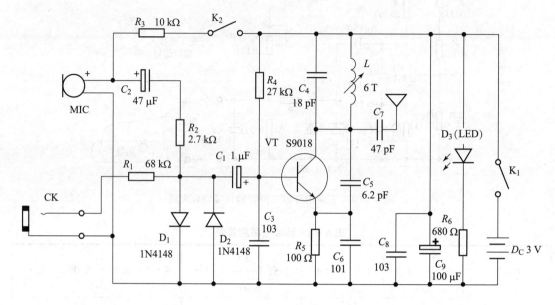

图 6 - 12　调频无线话筒的整机电路

R_4 是 VT 的基极偏置电阻，给三极管提供一定的基极电流，使 VT 工作在放大区，R_5 是直流反馈电阻，起到稳定三极管工作点的作用。

这种调频话筒的调频原理是通过改变三极管的基极和发射极之间的电容来实现调频，当声音电压信号加到三极管的基极上时，三极管的基极和发射极之间的电容会随着声音电压信号大小的变化同步发生变化，同时使三极管的发射频率发生变化，从而实现频率调制。

话筒 MIC 可以采集外界的声音信号，这里所用的是驻极体小话筒，灵敏度非常高，可以采集微弱的声音，同时这种话筒工作时必须要有直流偏压才能工作，电阻 R_3 可以提供一定的直流偏压，R_3 的阻值越大，话筒采集声音的灵敏度越弱；阻值越小，灵敏度越高。话筒采集到的交流声音信号通过 C_2 耦合和 R_2 匹配后送到三极管的基极，电路中 D_1 和 D_2 两个二极管反向并联，主要起双向限幅的作用。二极管的导通电压只有 0.7 V，如果信号电压超过 0.7 V 就会被二极管导通分流，这样可以确保声音信号的幅度被限制在 ±0.7 V 之间，过强的声音信号会使三极管过调制，产生声音失真甚至无法正常工作。

CK 是外部信号输入插座，可以将电视机耳机插座或者随身听耳机插座等外部声音信号源通过专用的连接线引入调频发射机，外部声音信号通过 R_1 衰减和 D_1、D_2 限幅后送到三极管基极进行频率调制。所以此套件不但可以应用于无线话筒的制作，还可以应用于电视机无线耳机的制作。

电路中发光二极管 D_3 用来指示工作状态，当调频话筒通电工作时 LED 就会被点亮，R_6 是发光二极管的限流电阻。C_8、C_9 是电源滤波电容，因为大电容一般采用卷绕工艺制作而成，所以等效电感比较大，并联一个小电容 C_8 可以使电源的高频内阻降低，此电路非常常见。电路中开关 K_1 和 K_2 有 3 个不同的开关组合方式，当 K_1、K_2 同时断开时，为断开电源（电池），当 K_1、K_2 同时闭合时，电路接通电源作为调频话筒使用，中间位置——K_1 闭合、

K_2 断开，电路闭合无线转发器使用，因为当电路作为无线转发器使用时话筒不起作用，但是话筒会消耗一定的静态电流，所以断开 K_2 可以降低耗电、延长电池的寿命。

（二）电路装配

电路各元器件参数如表 6 – 7 所示。

表 6 – 7　电路各元器件参数表

名称	代号	型号规格	名称	代号	型号规格
电阻	R_1	68 kΩ	电解电容	C_1	1 μF
电阻	R_2	2.7 kΩ	电解电容	C_2	47 μF
电阻	R_3	10 kΩ	瓷片电容	C_3	103
电阻	R_4	27 kΩ	瓷片电容	C_4	18 pF
电阻	R_5	100 Ω	瓷片电容	C_5	6.2 pF
电阻	R_6	680 Ω	瓷片电容	C_6	101
			瓷片电容	C_8	103
电感	L	6 圈（T）	瓷片电容	C_7	47 pF
三极管	VT	S9018	电解电容	C_9	100 μF
发光二极管	D_3	LED	二极管	D_1、D_2	1N4148
开关	K_1		驻极体话筒	MIC	
	K_2		外接音频插孔	CK	
电源（电池）	D_C	3 V	印刷电路板	PCB	

1. 筛选元器件

参照元器件参数表用万用表对元器件进行质量检测。

2. 装配调频无线话筒

准备一块 PCB 电路板。如果没有做好的电路板，也可用万用电路板代替。

（1）电阻、二极管均水平安装，贴紧电路板。电阻的色环方向应该一致。

（2）三极管采用直立式安装，底面离印制板（5 ±1）mm。

（3）电解电容器要尽量插到底，元件底面离印制板不能大于 4 mm。

（4）外接插孔要尽量插到底，不能倾斜，三只脚均需焊接。

（5）插件装配美观、均匀、端正、整齐、不能歪斜，要高矮有序。

（6）根据提供的元器件参数选择元器件，在电路板上设计元器件布局。处理元器件引脚并焊接电路。所有插入焊片孔的元器件引线及导线均采用直脚焊，剪脚留头距焊面应为（1 ±0.5）mm，焊点要求圆滑、光亮，防止虚焊、搭焊和散锡。

175

任务二 调试调频无线话筒

【任务目标】

（1）掌握调频无线话筒电路和超外差接收机电路的检测方法，明确重要测试点，电路有故障时，能通过测量检测出来。

（2）能熟练测量调频无线话筒电路的电压、电流与波形参数；根据测量数据分析电路的工作状态，并进行故障判断和排除。

一、检测与调试

作业指导书 1

工序名称	生产自检	产品名称	调频无线话筒	产品型号	通用	工时定额	PCS/H	生效日期	
拟定		审核		批准		版本号	A/O	页码	1/1

1. 作业工具

①铜刷； ②针头； ③剪钳。

2. 作业步骤

（1）首先检查基板正面上是否有锡渣，反面是否有倒脚、锡珠、锡渣等不良现象。

（2）若发现基板正面（贴片集成电路）有锡珠，则要用针头小心地把锡珠摘掉。若发现难以处理，则要及时交予在线拉长处理；如检查到反面有锡珠或锡渣，则要拿铜针对不良点用力刷。如有倒脚，则要用剪钳剪掉。

（3）如果检查到有上例不良现象出现批量异常时，要及时向在线拉长、助拉、IPQC 及在线作业员反映。

（4）以上不良现象务必修理好，方可流到下一个工位。

3. 注意事项

（1）作业时要佩带好检测正常的静电手环，并确保接地良好。

（2）基板要摆放整齐、并标识清楚，不可让基板掉落到地面上。

（3）作业时基板要轻拿轻放。

（4）交接的数量一定要准确。

（5）在处理锡珠时注意不可损坏集成电路的引脚。

作业指导书 2

工序名称	测试位	产品名称	调频无线话筒	工时定额	PCS/H	生效日期	
		产品型号	通用	版本号	A/O		
拟定		审核		批准		页码	1/1

1. 作业工具

①万用表；　　　②工装；　　　③示波器。

2. 作业步骤

（1）首先目检基板是否有连锡、锡珠、锡渣等不良现象。

（2）然后将相应电源插头插入板卡上相应的插座，电压表显示 3 V。

（3）打开电源开关，工装电流表指示应为 6～20 mA；若电流表指针打到表头，则视为短路坏机，要立即拔掉电源插头。

（4）检查电路无误后通电，用万用表测量 VT 的基极、集电极、发射极电压和话筒两端的电压并记录。

（5）用示波器观察 VT 集电极电压波形，应不失真，否则要调整电阻 R_4，用示波器观察 VT 集电极电压波形（若只能看到振幅，看不清波形，则说明示波器的带宽不够）。

3. 注意事项

（1）严格区分板卡种类，不允许混板。

（2）电源插线不允许插反。

二、总装与功能演示

接入发射天线，长度要在 1.5 m 以上。对话筒说话，此时打开调频收音机并调节，寻找到电路发射的信号。

任务拓展

超外差接收机的制作

【任务目标】

（1）熟悉超外差接收机的工作框图及调频无线话筒的电路图，并明确工作框图与电路图的对应关系。

（2）掌握超外差接收机电路的检测方法，明确重要测试点。当电路有故障时，能通过测量检测出来；熟知该电路常用元器件的特性、参数、选配原则。

（3）掌握电路中各元器件的作用、参数要求及元器件代换的原则。

（4）熟读超外差接收机的电路图，并初步画出超外差接收机的整机电路草图。

一、超外差接收机基础知识

如图 6 – 13 所示为超外差接收机实物，制作超外差接收机的目的是理解并掌握无线电波发射与接收、调制与解调的工作原理。可利用超外差接收机散件，制作一台超外差接收机产品。

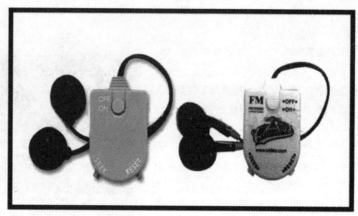

图 6 – 13　超外差接收机实物

（一）无线电波波段划分及传播

1. 无线电波波段划分

无线电波波段划分如图 6 – 14 及表 6 – 8 所示。

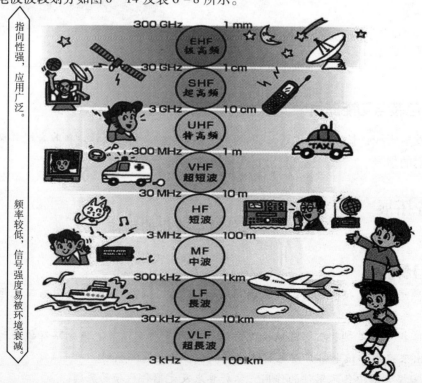

图 6 – 14　无线电波波段划分

表 6-8　波段划分

波段名称	频段名称	符号	波长范围	频率范围	传播媒质	应用范围
超长波	甚低频	VLF	10 ~ 100 km	3 ~ 30 kHz	地面波	1. 海岸——潜艇通信； 2. 海上导航
长波	低频	LF	1 ~ 10 km	30 ~ 300 kHz	地面波	1. 大气层内中等距离通信； 2. 地下岩层通信； 3. 海上导航
中波	中频	MF	100 m ~ 1 km	300 kHz ~ 3 MHz	天波、地面波	1. 广播； 2. 海上导航
短波	高频	HF	10 ~ 100 m	3 ~ 30 MHz	电离层、反射、天波	1. 远距离短波通信； 2. 短波广播
超短波/米波	甚高频	VHF	1 ~ 10 m	30 ~ 300 MHz	天波	1. 电离层散射通信（30 ~ 60 MHz）； 2. 对大气层内、外空间飞行体（飞机、导弹、卫星）的通信；电视、雷达、导航、移动通信
分米波	特高频	UHF	100 mm ~ 1 m	300 ~ 3 000 MHz	天波、空间波	1. 对流层工散射通信（700 ~ 1 000 MHz）； 2. 小容量、中容量微波接力通信
厘米波	超高频	SHF	10 ~ 100 mm	3 ~ 30 GHz	天波、外球层传播	1. 大容量微波接力通信； 2. 数字通信； 3. 微波通信； 4. 波导通信
毫米波	极高频	EHF	1 ~ 10 mm	30 ~ 300 GHz		穿入大气层时的通信
亚毫米波	超极高频		< 1 mm	300 GHz 以上	光纤	光通信

（二）无线电波的传播途径

1. 电波主要传播方式

电波传输不依靠电线，也不像声波必须依靠空气媒介传播。有些电波能够在地球表面传播，有些电波能够在空间直线传播也能够从大气层上空反射传播，有些电波甚至能穿透大气层，飞向遥远的宇宙空间。

任何一种无线电信号传输系统均由发信部分、收信部分和传输媒质 3 部分组成。传输无线电信号的媒质主要有地表、对流层和电离层等，这些媒质的电特性对不同波段的无线电波的传播有着不同的影响。根据媒质及不同媒质分界面对电波传播产生的主要影响，可将电波传播方式分成地表传播、天波传播、视距传播、散射传播及波导模传播 5 种传播方式。

1）地表传播

对有些电波来说，地球本身就是一个障碍物。当接收天线距离发射天线较远时，地面就像拱形大桥一样将两者隔开，阻碍了走直线的电波的传播路径。只有某些电波能够沿着地球拱起的部分传播出去，这种能沿着地球表面传播的电波称为地波，也称为表面波。无线电波沿着地球表面传播的方式，称为地面波传播。其特点是信号比较稳定，但电波频率越高，地面波随距离的增加衰减得越快。因此，这种传播方式主要适用于长波和中波波段。

2）天波传播

声音碰到墙壁或高山就会反射回来形成回声，光线射到镜面上也会反射，同理无线电波也能反射。在大气层中，从几十公里至几百公里的高空内有电离层形成了一种天然的反射体，就像一只悬空的金属盖，当电波射到电离层时就会被反射回来，按此种路径传播的电波就称为天波或反射波。在电波中，主要是短波具有这种特性，如图 6 - 15 所示。

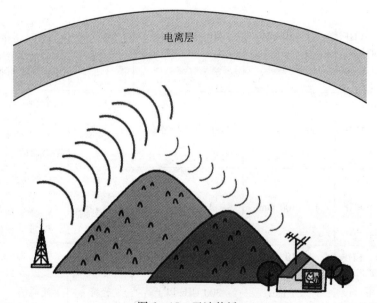

图 6 - 15　天波传播

有些气层受到阳光照射，就会产生电离。太阳表面温度大约有 6 000 ℃，辐射出来的电磁波包含很宽的频带，其中紫外线部分会对大气层上空的气体产生电离作用，这是形成电离层的主要原因。

电离层一方面反射电波，另一方面也吸收电波。电离层对电波的反射和吸收与频率（波长）有关。频率越高，吸收越少；频率越低，吸收越多。所以，短波的天波可以用作远距离通信。此外，反射和吸收与白天还是黑夜也有关。白天，电离层可把中波几乎全部吸收掉，收音机只能收听当地的电台，而夜里却能收到远距离电台的信号。对于短波，电离层吸收得较少，所以短波收音机不论白天黑夜都能收到远距离电台的信号。但是电离层是变动的，反射的天波时强时弱，所以从收音机听到的声音忽大忽小，并不稳定。

3）视距传播

视距传播是指，若收、发天线离地面的高度远大于波长，电波直接从发信天线传到收信地点（有时有地面反射波），这种传播方式仅限于视距以内。目前广泛使用的超短波通信和卫星通信的电波传播均属这种传播方式。

4）散射传播

散射传播利用对流层或电离层中介质的不均匀性或流星通过大气时的电离余迹对电磁波的散射作用来实现。这种传播方式主要用于超短波和微波远距离通信。

超短波的传播特性比较特殊，既不能绕射，也不能被电离层反射，而只能以直线传播。以直线传播的波就称为空间波或直接波。由于空间波不会拐弯，因此其传播距离就受到限制。发射天线架得越高，空间波传得就越远。所以电视发射天线和电视接收天线应尽量架得高一些。尽管如此，其传播距离仍受到地球拱形表面的阻挡，实际传播距离只有 50 km 左右。

超短波不能被电离层反射，但能穿透电离层，所以在地球的上空就无阻隔。这样，就可以利用空间波与发射到遥远太空去的宇宙飞船、人造卫星等取得联系。此外，卫星中继通信、卫星电视转播等也主要利用天波传输途径。

5）波导模传播

电波在电离层下缘和地面所组成的同心球壳形波导内的传播称为波导模传播。长波、超长波或极长波利用这种传播方式能以较小的衰减进行远距离通信。

在实际通信中往往是取以上 5 种传播方式中的一种作为主要的传播途径，但也有利用几种传播方式并存来传播无线电波。一般情况下都是根据使用波段的特点，利用天线的方向性来限定一种主要的传播方式。

二、超外差接收机电路原理

1. 超外差接收机的组成

如图 6-16 所示，现将图中各个组成部分的作用说明如下。

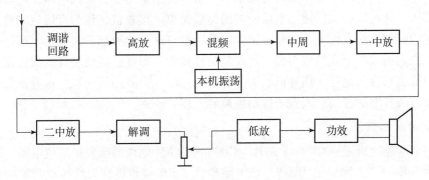

图 6-16 超外差接收机的组成框图

调谐回路：用于选择电台；

变频电路：含高放、混频、本机振荡；

中放电路：用于中频放大及选频；

解调电路：用于将低频电信号从高频已调波信号中分离出来；

低放电路：用于对解调的低频电信号进行足够的功率放大。

2. "变频"技术

所谓"变频"，就是通过变频电路，将接收到的电台信号变换成一个频率比较低但节目内容一样的中频信号，然后对中频信号进行放大和检波。因为中频信号比电台信号频率低、放大容易、不容易引起自激、灵敏度高。并且可以针对固定的中频信号做很多的调谐回路和选择性好、带有自动增益控制的电路，使强、弱电台的音量差距变小，因此现在的收音机几乎都是超外差式。

超外差式接收机的工作过程是将被选择的高频信号的载波频率变为较低的固定不变的中频信号，再利用中频放大器放大，满足检波的要求，然后进行检波。在超外差式接收机中，为了产生变频作用，还要有一个外加的正弦信号称为外差信号。产生外差信号的电路称为本地振荡电路。接收机本振频率和被接收信号的频率相差一个中频，因此在混频器之前的选择电路和本振电路采用统调，如用同轴的双联电容器进行调谐，使其差保持固定的中频数值。由于中频固定，且频率比高频已调信号低，故中放的增益可以做得较大，工作也比较稳定，通频特性也可做得比较理想。这样可以使检波器获得足够大的信号，从而使整机电路输出音质较好的音频信号。

3. 各部分电路及其工作原理

接收机原理就是把从天线接收到的高频信号经检波（解调）还原成音频信号，送到耳机变成音波。由于广播事业的发展，天空中有了很多不同频率的无线电波。如果把这许多电波全都接收下来，就会像处于闹市之中，许多声音混杂在一起，结果什么也听不清。为了设法选择所需要的节目，在接收天线后，应有一个选择性电路，其作用是把所需的信号（电台）挑选出来，并把不要的信号滤掉以免产生干扰，这就是收听广播时，所使用的选台按钮。

选择性电路的输出是选出某个电台的高频调幅信号，但利用它直接推动耳机（扬声器）是不行的，还必须把它恢复成原来的音频信号，这种还原电路称为解调电路，把解调的音频信号送到耳机，就可以听到广播。上面所讲的是最简单的接收机，称为直接检波机，但从接收天线得到的高频天线电信号一般非常微弱，直接把它送到检波器不太合适，最好在选择电路和检波器之间插入一个高频放大器，把高频信号放大。即使已经增加高频放大器，检波输出的功率通常也只有几毫瓦，用耳机收听，音量还可以，但要用扬声器，音量就太小，因此在检波输出后还要增加音频放大器来推动扬声器工作。

4. 认识特殊元器件

本次组装的接收机采用 CD9088 芯片，CD9088 为 FM 电调谐接收机集成电路，工作电源电压范围为 1.8~5 V，典型值为 3 V。该电路包含了 FM 接收机从天线接收到鉴频输出音频信号的全部功能。CD9088 非常适用于电调谐微小型 FM 接收机。该电路采用 16 脚双列扁平封装（引脚功能见表 6-9）。CD9088 电路主要特点是内部设有搜索调谐电路、信号检测电路、静噪电路以及频率锁定环（FLL）电路。CD9088 电路的中频频率为 70 kHz，外围电路不用中频变压器，其中频选择由电路内部 RC 中频滤波器来完成。

表 6 - 9　CD9088 引脚功能

引脚	功能	符号	引脚	功能	符号
1	静噪输出	MUTE	9	中频 IF 输入	VILF
2	音频输出	VoAF	10	IF 限幅放大器的低通电容	CLp2
3	AF 环路滤波	LOOP	11	射频信号输入	VIRF
4	电源 3 V	Vp	12	射频信号输入	VIRF
5	本振调谐回路	OSC	13	限幅器偏置电压电容	CLD4
6	中频 IF 反馈	IFFB	14	接地	GND
7	1 dB 放大器的低通滤波器	CLpI	15	全通滤波电容器搜索调谐输入	CAp
8	中频 IF 输出	VoIF	16	电调谐、自动控制频率输出	TUNG

CD9088 其各引脚功能如下：1、3、6、7、8、9、10、12 引脚均为外接电容端；4、14 引脚分别为电源输入端和接地端；2 引脚为音频信号输出端；5、16 引脚为调频信号调整端；11 引脚为天线信号输入端；15 引脚为复位端。

5. 超外差接收机整机电路工作分析

如图 6 - 17 所示为超外差接收机整机电路，元器件标号均与实物相同。从图中可以看出，该接收机以一块型号为 CD9088BQ8N 的集成电路为核心组成，该集成电路是一块具有电子调谐和自动锁定频率功能的调频接收机专用芯片，其工作电压为 3 V，封装形式为塑封贴片式，该机的工作原理为，合上开关 K 后，3 V 电源经 C_{18} 滤波后，使供给整机的工作电压比较稳定，此时无线电波经由耳机引线进入到由电容器 C_{13}、C_{14} 与电感 L_2 共同组成的 LC 谐振电路并送到集成电路的 11 引脚，并经其内部的相关电路整形与放大，然后通过微动开关 SW_1 进行电台选择。当电路捕捉到一个较强的电台信号后马上自动锁定，并由其内部电路将其转换为音频信号，通过 2 引脚送到可调电位器 R_P 进行音量调节后，经电容 C_{16} 耦合到由三极管 VT_1、VT_2 及其外围元件所组成的音频放大电路中去进行放大后驱动耳机工作。电容器 C_4、C_{17} 用来滤除残余的高频信号，电感线圈 L_3、L_4 用来阻止高频信号进入耳机中，以保证高质量的音质。当需要选台时按动 SW_1，调频信号将会从低到高进行选台并自动地予以锁定，当按动 SW_2 时电路将自动复位到频率最低端。该调频接收机在使用中容易发生的故障现象主要为：由于耳机引线断裂而出现无声，或电位器碳膜磨损而引起调整音量时会伴有杂音，一般只要对症处理即可使其恢复正常，同时集成电路的损坏率极低。

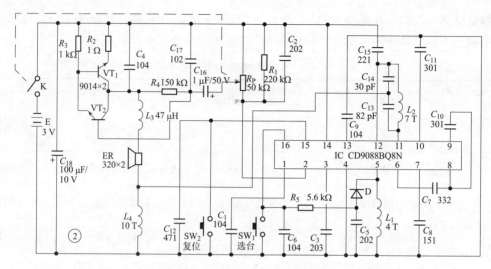

图 6 - 17　超外差接收机整机电路

三、超外差接收机的组装与调试

1. 筛选元器件

参照如表 6 - 10 所示的元器件配置表，用万用表对元器件进行质量检测。

表 6 - 10　元器件配置表

名称	代号	型号规格	名称	代号	型号规格
电阻	R_1	220 kΩ	瓷片电容	C_{14}	30 pF
电阻	R_2	1 Ω	瓷片电容	C_{15}	221
电阻	R_3	1 kΩ	电解电容	C_{16}	1 μF/50 V
电阻	R_4	150 kΩ	瓷片电容	C_{17}	102
电阻	R_5	5.6 kΩ	电解电容	C_{18}	100 μF/10 V
三极管	VT_1、VT_2	9014	空芯线圈	L_1	4 圈（T）
电位器	R_P	50 kΩ	空芯线圈	L_2	7 圈（T）
电解电容	C_1	104	色环电感	L_3	47 μH
			色环电感	L_4	10 圈（T）
电解电容	C_2	202	变容二极管	D	
瓷片电容	C_3	203	外接插孔	CK	
瓷片电容	C_4、C_6、C_9	104	选台按键	SW_1	
瓷片电容	C_5	202	复位按键	SW_2	
瓷片电容	C_7	332	电源开关	K	
瓷片电容	C_8	151	耳机		
瓷片电容	C_{10}、C_{11}	301	塑料外壳		
瓷片电容	C_{12}	471	印刷电路板	PCB	
瓷片电容	C_{13}	82 pF	集成电路	IC	CD9088BQ8N

2. 装配超外差收音机

准备一块 PCB 电路板。如没有做好的电路板，也可用万用电路板代替。

（1）电阻、二极管均水平安装，并贴紧电路板。电阻的色环方向应该一致。

（2）三极管采用直立式安装，底面离印制板距离为（5±1）mm。

（3）电解电容器尽量插到底，元器件底面离印制板距离不能大于4 mm。

（4）外接插孔尽量插到底，不能倾斜，3只引脚均需焊接。

（5）插件装配美观、均匀、端正、整齐、不能歪斜，要高矮有序。

（6）根据提供的元器件参数选择元器件，在电路板上设计元器件布局，处理元器件引脚，焊接电路。所有插入焊片孔的元器件引线及导线均采用直脚焊，剪脚留头距焊面（1±0.5）mm，焊点要求圆滑、光亮，防止虚焊、搭焊和散锡。

3. 按作业指导书检测与调试

作业指导书

工序 名称	测试位	产品名称	超外差 接收机	工时定额	PCS/H	生效日期	
		产品型号	通用	版本号	A/O		
拟定		审核		批准		页码	1/1

1. 作业工具

①万用表；　　　　②工装；　　　　③示波器。

2. 作业步骤

（1）首先要目检基板是否有连锡、锡珠、锡渣等不良现象。

（2）用指针式万用表欧姆挡"×100 Ω"量程测量整机电阻，用红表笔接电源负极引线，黑表笔接电源正极引线，测得整机电阻值应大于500 Ω。以上检查无误后，方能接通3 V电源。

（3）然后将相应电源插头插入板卡上相应的插座，电压表显示应为3 V。

（4）打开电源开关，工装电流表指示应为10~30 mA；若电流表指针打到表头，则视为短路坏机，要立即拔掉电源插头。

（5）检查电路无误后通电，手握金属起子或镊子碰触音量电位器中间脚或外边非接地脚，耳机应有"喀喀"声，证明电路已经开始工作。

（6）接收任一电台，用示波器观察 VT_1、VT_2 集电极对地之间或耳机两端电压波形。

（7）检查电路无误后通电，用万用表测量CD9088BQ8N各脚电压，并记录在下表中。

引脚		1	2	3	4	5	6	7	8	9
功能		MUTE	VoAF	LOOP	Vp	OSC	IFFB	CLpI	VoIF	VILF
电阻/Ω	正测									
	反测									
电压/V										

引脚		10	11	12	13	14	15	16
功能		CLp2	VIRF	VIRF	CLD4	GND	CAp	TUNG
电阻/Ω	正测							
	反测							
电压/V								

注意事项

（1）必须佩带好检测正常的有线静电手环，并确保接地良好。

（2）严格区分板卡种类，不允许混板。

（3）电源插线不允许插反。

4. 组装与功能演示

调频接收机具有灵敏度高、选择性好、通频带宽、音质好等特点。采用 CD9088 调频专用集成电路来制作的电调谐调频接收机优具有电路简单、制作容易、调试方便、性价比高、音质好、成本低、体积小等优点。

自动搜索调频接收机与普通调频接收机的主要区别就在于调台方式不同。自动搜索调频接收机采用电调谐方式选择电台，省去了可变电容器，设置了选台和复位两个轻触式按钮。使用时只要按下选台按钮，接收机就会自动搜索电台，当搜索到一个电台后，会准确地调谐并停止搜索。如果想换一个电台，只需再次按下选台按钮，接收机就会继续向频率高端搜索电台。当调谐到频率最高端后，就需要按下复位按钮，让接收机本振频率回到最低端才能重新开始搜索电台。

在调谐方式上，CD9088 既可采用传统的可变电容机械调谐，也可像数字调谐接收机那样采用电调谐方式来搜索电台。在采用电调谐时，只需操作选台调谐按钮 RUN，电路便自动地由频率低端向频率高端搜索电台，一旦搜索到电台信号，调谐自动停止。当调谐到 FM 接收频率最高端时，只需按下复位按钮 RESET，本振频率即可回到最低端，搜索调谐又重新开始。

这种自动搜索调频接收机使用方便、调谐准确，由于不使用可变电容器，所以使用寿命长（可变电容器容易损坏），其缺点是没有频率指示。

项目测评

1. 实训报告

（1）绘制调频无线话筒电路。

（2）叙述超外差接收机电路的工作过程。

（3）记录测试数据。

（4）根据实训结果填写实训报告。

2. 项目评价

项目考核内容	考核标准	考核等级
电路分析	会识别电路中各元器件；能分析整机电路的处理过程	
装配与焊接工艺	各单元电路布局合理；单元电路间连线紧凑、有条理，线路连接规范、焊点美观、无虚焊、焊盘无损坏	
电路调试与检测	会检测与筛选电路中所用的元器件；各调节器件安装到位、各参数调试准确	
功能实现	整机能正常工作；各调节器件能实现调节功能	

项目小结

本项目主要介绍了调频无线话筒的制作及调试方法，通过本项目的学习，可对无线话筒的相关电路有一定的认识，掌握其在制作扩音机整机调试电路中的作用。

（1）无线电波的发射与接收、调制与解调；

（2）调频电路的工作过程；

（3）发射机和超外差接收机电路的检测方法和重要测试点；

（4）调频无线话筒电路故障分析的方法；

（5）调频电路常用元器件的筛选方法；

（6）调频无线话筒电路的电压、电流与波形参数的测量；

（7）超外差接收机电路的工作原理及结构；

（8）超外差接收机电路的电压、电流与波形参数的测量。

思考及练习

1. 画出广播发射机、接收机结构图且简述其工作过程。

2. 简述 VCO 调频的工作过程。

3. 简述超外差接收机变频电路的优点。

项 目 七

制作电子报警器

7.1 项目导入

　　电子报警器是一种利用电子元器件和线路构成的电子装置，用以监测外界各种形式参量的变化，并且当这些参量的变化超越规定的界限时，能准确、及时地产生特定的信号进行警示。这种电子报警技术属于安全防范技术领域，广泛用于日常生活中。

项目任务书

项目名称	制作电子报警器
教学目标	1. 知识目标 （1）理解正弦波振荡器的组成及其工作过程； （2）理解电压比较器的工作原理； （3）理解波形变换电路的工作原理； （4）掌握辨识热敏电阻和蜂鸣器的方法； （5）理解超温电子报警器的组成及工作过程； （6）掌握辨识单向可控硅元件的方法； （7）理解触摸式电子防盗报警器的组成及工作过程。 2. 技能目标 （1）掌握组装制作正弦波振荡器的方法； （2）掌握使用万用表、示波器对正弦波振荡器进行调试与测量的方法； （3）掌握排除正弦波振荡器常见故障的方法； （4）掌握组装制作超温电子报警器的方法； （5）掌握使用万用表、示波器对超温电子报警器进行调试与测量的方法； （6）掌握排除超温电子报警器常见故障的方法； （7）掌握组装制作触摸式电子防盗报警器的方法；

项目名称	制作电子报警器		
教学目标	（8）掌握使用万用表、示波器对触摸式电子防盗报警器进行调试与测量的方法； （9）掌握排除触摸式电子防盗报警器常见故障的方法； （10）掌握用万用表检测单向可控硅元件的方法		
任务操作步骤	第一步 阅读整机电路图		
	第二步 元器件选择及测试		
	第三步 电路组装调试		
	第四步 电路测试		
	第五步 能力测试		
	第六步 知识与能力拓展		
任务要求	2~3人为一组，协作完成任务		

7.2 项目实施

任务一 制作正弦波振荡器

【任务目标】

（1）掌握振荡电路的组成及特点；

（2）理解 RC、LC 正弦波振荡电路的工作原理；

一、正弦波振荡器

正弦波振荡器的组成框图如图 7-1 所示，振荡电路包括放大电路和反馈网络两部分。

1. 振荡电路的平衡条件

振荡电路的平衡条件就是振荡电路维持等幅振荡的条件。振荡电路的平衡条件包括幅度平衡条件和相位平衡条件。

如图 7-1 所示，振荡电路之所以在没有外加输入交流信号的情况下就有输出信号，是因为其自身的正反馈信号作为了输入信号。所以，为了使振荡电路维持等幅振荡，必须使其反馈信号 u_F 的幅度和相位与它的输入信号 u_I 相同，即

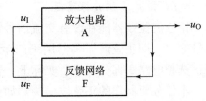

图 7-1 正弦波振荡器的组成框图

$$u_I = u_F$$

电路中，基本放大倍数为

$$A = \frac{u_O}{u_I}$$

反馈系数为

$$F = \frac{u_F}{u_O}$$

所以有

$$u_F = AFu_I$$

如要

$$u_I = u_F$$

则需

$$AF = 1$$

就能满足振荡电路的幅度平衡条件。

另外，由于电路中存在电抗元件及电路的倒相作用，放大电路和反馈网络都会使信号产生一定的相移。为了实现正反馈，必须使以上两种相移的综合结果形成正反馈，这就是振荡电路的相位平衡条件，即

$$\varphi_A + \varphi_F = + 2n\pi \quad (n = 0, 1, 2, 3\cdots)$$

式中，φ_A 为基本放大电路的相移，φ_F 为反馈网络的相移。

2. 振荡电路的起振条件

振荡电路的输出信号反馈到输入端作为输入信号，才能够维持电路的振荡。电路刚开始工作时，输入信号是在振荡电路接通电源的瞬间，电路中产生的电流扰动而引起的。这些电流扰动可能是接通电源的瞬间引起的电流突变，也可能是三极管或电路内部的噪声信号。电流扰动中包含了多种频率成分的微弱正弦信号。在振荡电路开始工作时，如果能满足 $AF > 1$，则通过振荡电路的放大与选频作用，就能将与选频网络频率相同的正弦信号放大并反馈到放大电路的输入端，而其他频率的信号则被选频网络抑制掉。这样就能使振荡电路在接通电源后，建立起振荡，使输出信号从小变大，直至当 $AF = 1$ 时，振荡幅度稳定下来。所以"$AF > 1$"称为振荡电路的起振条件。

利用三极管的非线性或在电路中采用负反馈等措施，即可使振荡电路从"$AF > 1$"过渡到"$AF = 1$"，达到稳定振幅的目的。

3. RC 桥式正弦波振荡器

正弦波振荡器能在没有交流信号输入的情况下，把直流电源提供的电能转变为正弦交流信号输出，即正弦波振荡器用于产生正弦波信号。正弦波振荡器必须由放大电路、反馈电路、选频电路 3 部分组成，实际上，选频作用总由放大电路或反馈电路兼职作用。

本任务要制作的正弦波振荡器如图 7-2 所示，是一个 RC 桥式正弦波振荡电路，其结构组成如图 7-3 所示。放大电路为一个两级共射放大器，反馈网络由 RC 串、并联电路组成。

在 RC 桥式正弦波振荡电路中，RC 串、并联电路起到选频和反馈的作用，两级放大电路各自带有电流串联负反馈电阻，反馈元件分别是 R_3 和 R_7，其中 R_8 引入了直流负反馈用于稳定静态工作点，R_F 是级间交流电压串联负反馈可调电阻，可稳定输出电压的幅度，又可以改善输出波形。

1）RC 串、并联电路的选频特性

RC 串、并联电路及其幅频特性曲线和相频特性曲线如图 7-4 所示。由 RC 串、并联电路和幅频特性曲线可以看出，输入信号频率从零开始，输出电压随输入信号频率的增加而逐渐加大，当信号频率达到 f_0 时，输出电压达到最大；此时输出电压与输入电压之比为 $u_o/u_i = \dfrac{1}{3}$；输入信号频率继续上升，输出电压从最大开始逐渐减小。频率 f_0 可用以下公式计算

$$f_0 = \frac{1}{2\pi RC}$$

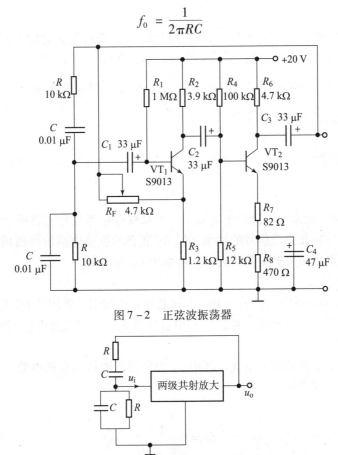

图 7-2　正弦波振荡器

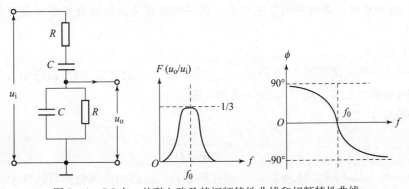

图 7-3　RC 桥式正弦波振荡电路结构

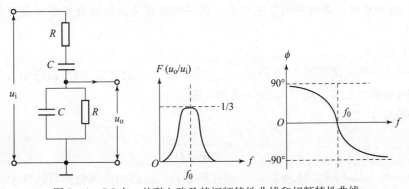

图 7-4　RC 串、并联电路及其幅频特性曲线和相频特性曲线

由相频特性曲线可以看出，输入信号频率从零开始，输出电压相位超前于输入电压相位 $\varphi = 90°$；随着输入信号频率上升，相位差 φ 逐渐减小，当输入信号频率达到 f_0 时，输出电压与输入电压同相即 $\varphi = 0°$；输入信号频率继续上升，输出电压相位滞后输入电压相位，相位差逐渐增大，最大时为 $\varphi = -90°$。

所以，RC 串、并联电路对频率为 f_0 的信号相移为 0，且衰减最小，即 RC 串、并联电路具有选频作用。

2）振荡条件

由于 RC 串、并联电路对频率为 f_0 的信号相移为 0，而两级共射放大器的相移共为 2π，所以 RC 桥式振荡电路的总相移为 2π，满足相位平衡条件；对于频率为 f_0 的信号，反馈系数 $F = \dfrac{1}{3}$，而两级共发射极组态放大器的放大倍数 $A \geqslant 3$，即可得到 $AF = 1$，所以也满足 RC 桥式正弦波振荡电路的振幅平衡条件。

3）振荡频率

RC 桥式振荡电路的振荡频率就是使 RC 串、并联电路相移为 0 的频率，即

$$f_0 = \frac{1}{2\pi RC}$$

RC 串、并联选频电路中，将两个电阻用一个双联电位器代替或将两个电容用双联电容代替，就可以调节输出正弦波信号的频率。但 RC 正弦波振荡电路的振荡频率较低，一般不超过 1 MHz，如需更高频率的正弦波信号，可采用 LC 振荡器。

4. LC 正弦波振荡器

LC 正弦波振荡器的反馈元件是由电感 L 和电容 C 组成的，常用的 LC 正弦波振荡器有变压器反馈式、电感反馈式（电感三点式）和电容反馈式（电容三点式）3 种。

1）变压器反馈式

该电路由放大和反馈两部分组成，其中 L_2 为反馈线圈构成反馈电路，其余部分构成具有选频能力的调谐放大电路，如图 7-5 所示。

振荡频率为

$$f_0 = \frac{1}{2\pi\sqrt{LC}}$$

一般为几千赫兹到几十兆赫兹。

【结论】该电路特点是频率调节范围宽、调节耦合容易，但输出波形不太理想、频率稳定度不高。

2）电感三点式

电感三点式振荡电路如图 7-6 所示，三极管的 3 个电极分别与 LC 回路中 L 的 3 个端点相连，所以叫电感三点式，其中 L_2 作为反馈线圈。

振荡频率为

$$f_0 = \frac{1}{2\pi\sqrt{LC}}$$

式中，$L = L_1 + L_2 + 2M$，M 是 L_1、L_2 的互感系数。电路的振荡频率可达几十兆赫兹。

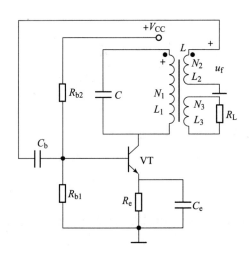

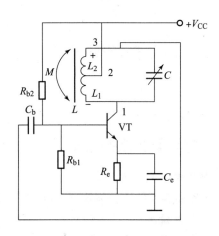

图7-5 变压器耦合式振荡电路   图7-6 电感三点式振荡电路

【结论】该电路特点是耦合紧、易起振、频率调节方便，但波形失真较大。

3）电容三点式

电容三点式振荡电路如图7-7所示，如图7-7（a）所示为电容三点式振荡电路，其中C_2提供反馈电压。三极管的3个电极与电容支路的3个点相接，所以叫电容三点式。如图7-7（b）所示为改进型电容三点式振荡电路，L支路上串联一个小电容C。

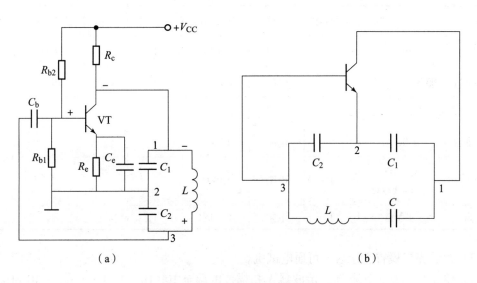

（a）   （b）

图7-7 电容三点式振荡电路

（a）电容三点式振荡电路；（b）改进型

如图7-7（a）所示电路的振荡频率为

$$f_0 = \frac{1}{2\pi\sqrt{LC}}$$

式中，$C = \dfrac{C_1 C_2}{C_1 + C_2}$，振荡频率可达 100 MHz 以上。

如图 7 - 7（b）所示电路中，当 $C \ll C_1$ 且 $C \ll C_2$ 时，其频率主要取决于 C 和 L，所以改进型电容三点式振荡电路的振荡频率为

$$f_0 = \frac{1}{2\pi \sqrt{LC}}$$

【结论】该电路的特点是输出波形好，能产生频率较高的正弦波。

二、制作正弦波振荡器

1. 整机电路的基本组成

本任务要制作的正弦波振荡器如图 7 - 2 所示，是一个 RC 桥式正弦波振荡电路。

2. 元器件清单

元器件清单如表 7 - 1 所示。

3. 组装调试

（1）对照电路图，把各元器件安装在万能板上的适当位置；设计好 R_F 的位置，以方便调整振荡波形。

（2）使用电烙铁进行焊接，按工艺要求检查焊点质量并修剪引脚。

电路组装的要求为元器件布局合理、焊点可靠、电路调整方便、电路与仪器连接方便。

表 7 - 1　元器件清单表

名称	型号规格	数量/个	名称	型号规格	数量/个	名称	型号规格	数量/个
三极管	S9013	2	电阻	3.9 kΩ	1	电阻	82 Ω	1
电解电容	33 μF/25 V	3	电阻	1.2 kΩ	1	电阻	470 Ω	1
电解电容	47 μF/25 V	1	电阻	100 kΩ	1			
涤纶电容	0.01 μF	2	电阻	12 kΩ	1			
半可调电阻	4.7 kΩ/ 1/4 ~ 1/8W	1	电阻	10 kΩ	2			
电阻	1 MΩ	1	电阻	4.7 kΩ	1			

（3）组装完毕检查无误后，可通电试机。

（4）将 u_o 输出接入示波器，示波器 X 扫描范围调至 100 Hz ~ 1 kHz（或 1 ~ 10 kHz），Y 轴衰减开关旋至适当位置，观察是否有正弦波信号输出。

（5）如 u_o 没有输出，则应先调节 R_F 的大小；如仍无输出，再检查元器件是否装正确，三极管是否处于放大状态。

（6）如电路已有输出，应缓慢调节 R_F，使正弦波达最小失真。

4. 电路测试

（1）用万用表测量电路的静态工作点，并记录于表 7 - 2 中。

表 7 - 2　*RC* 桥式正弦波振荡器的静态工作点测试表

$V_{CC} = 18 \sim 20/V$				
VT$_1$	U_{R2Q}/V	I_{CQ1}/mA	U_{CQ1}/V	U_{CEQ1}/V
VT$_2$	U_{R6Q}/V	I_{CQ2}/mA	U_{CQ2}/V	U_{CEQ2}/V

（2）用 10 kΩ 的电阻与电路中的电阻 *R* 并联（共两处），将观察到的输出信号波形填入表 7 - 3 中。

表 7 - 3　*RC* 桥式正弦波振荡器的输出波形记录表

条件	u_o 的波形
$R = 10\ k\Omega$ $C = 0.01\ \mu F$	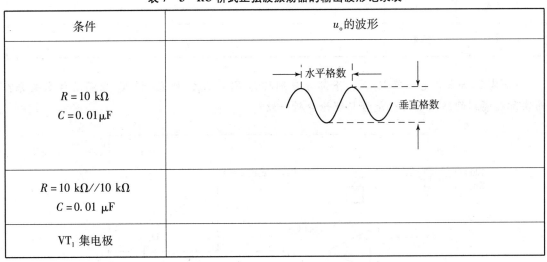
$R = 10\ k\Omega//10\ k\Omega$ $C = 0.01\ \mu F$	
VT$_1$ 集电极	

5. 能力测试

（1）如图 7 - 2 所示的 *RC* 桥式正弦波振荡器，改变 *R*、*C* 的参数，计算电路的振荡频率。

①$R = 15\ k\Omega$、$C = 0.01\ \mu F$；

②$R = 15\ k\Omega//10\ k\Omega$、$C = 0.01\ \mu F$。

（2）如果要求 *RC* 桥式正弦波振荡器的振荡频率能在一定范围内连续可调，应怎样改动电路？

实训

RC 桥式正弦波振荡器的调试

1. 实训目的

（1）掌握用示波器观测振荡波形的方法；

（2）掌握用频率计测量振荡频率的方法；

（3）掌握排除振荡器常见故障的方法。

2. 实训步骤

（1）用 Multisim 10 搭接仿真电路如图 7 - 8 所示。

（2）观察振荡器的起振过程和稳幅电路的作用。将开关 J 拨向左侧接通电路后打开电源，用示波器观察输出信号，并适当调节电位器 R_1，使示波器中有振荡波形出现。然后调 R_1 到最小（如果再小，振荡器就出现停振现象）位置。此时，振荡器正处于临界起振状态。观察 u_o 的波形变化及其失真情况，填入表 7 - 4 中。

表 7 - 4　负反馈对输出波形的影响

负反馈	强弱	u_o 的波形
R_1 增大	强	
R_1 增大	弱	
R_1 增大	适中	

【思考】 如果将电位器 R_1 上、下部分分别称为 R_5 和 R_6，则 R_5 和 R_6 应满足什么关系？而实际观察到的结果如何？是否与理论分析一致？

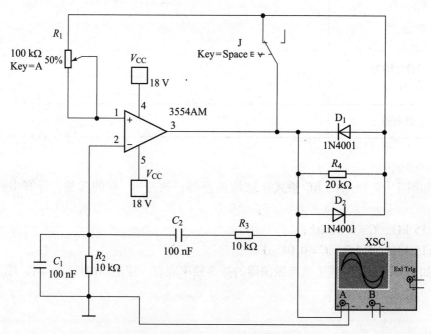

图 7 - 8　RC 桥式正弦波振荡器仿真电路

在上述的电位器 R_1 的调节过程中，很难获得一个不失真的正弦波，即振荡器不是波形失真（放大倍数过大），就是出现停振现象。为了使 RC 桥式正弦波振荡器能够得到一个理想的波形，还需要采取稳幅措施。在电路中，断开开关 J，振荡器就有稳幅电路。此时，调节 R_1 就很容易获得一个不失真的正弦波。试问稳幅电路是如何工作的？

（3）振荡波形的测量。测量振荡波形的幅度和频率，将结果填入表 7–5 中，并与理论值比较。

表 7–5 振荡波形的幅度和频率

U_{oM} 的测量值/V	f_0 的测量值/Hz	f_0 的理论值/Hz

观察 R_1、C_1、R_2、C_2 对振荡波形频率的影响，将结果填入表 7–6 中。

表 7–6 改变 R_1、C_1、R_2 和 C_2 对振荡波形频率的影响

	R_1、C_1、R_2 和 C_2 为正常值	$R_1 = R_2 = 1\ \text{k}\Omega$	$C_1 = C_2 = 0.01\ \mu\text{F}$
f_0 的测量值/Hz			

【思考】R_1 和 R_2 对振荡频率有何影响？C_1 和 C_2 对振荡频率有何影响？

3. 说明

从结构上看，正弦波振荡器是没有输入信号的带选频网络的正反馈放大器。若用 R、C 元件组成选频网络，就称为 RC 桥式正弦波振荡器，一般用来产生频率范围为 1 Hz ~ 1 MHz 的信号。

4. 实训要求

（1）由给定电路参数计算振荡频率，并与实测值比较，分析误差产生的原因。

（2）总结改变负反馈深度对振荡器起振的幅值条件及输出波形的影响。

（3）如果元件完好、接线正确、电源电压正常，而示波器看不到输出波形，考虑是什么问题？该怎样解决？

（4）有输出但输出波形有明显的失真，应如何解决？

任务二 制作超温电子报警器

【任务目标】

（1）掌握识别热敏电阻和蜂鸣器的方法；

（2）理解超温电子报警器的组成及其工作过程；

（3）掌握组装制作超温电子报警器的方法；

（4）掌握使用万用表、示波器对超温电子报警器进行调试与测量的方法。

一、识别热敏电阻和蜂鸣器

1. 热敏电阻

热敏电阻由半导体陶瓷材料制成，电阻值可随温度的变化而变化。热敏电阻有环氧、玻璃等封装形式，其外形如图 7–9 所示，电路图形符号如图 7–10 所示。

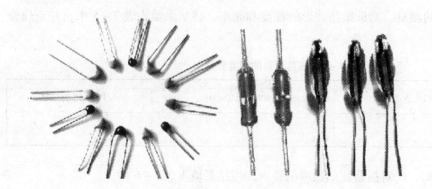

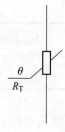

图 7-9　热敏电阻的外形　　　　　　　图 7-10　热敏
电阻的电路图形符号

　　热敏电阻包括正温度系数（PTC）热敏电阻和负温度系数（NTC）热敏电阻，以及临界温度（CTR）热敏电阻。本任务仅学习本报警器所用的具有负温度系数的 NTC 热敏电阻。NTC 是 Negative Temperature Coefficient 的缩写，意思是负的温度系数。当温度低时，NTC 热敏电阻阻值较高；随着温度的升高，电阻值随之降低。NTC 热敏电阻器的阻值变化范围为 $100 \sim 10^6 \ \Omega$。

　　由于半导体热敏电阻有独特的性能，所以在应用方面，不仅可以作为测量元件（如测量温度、流量、液位等），还可以作为控制元件（如热敏开关、限流器）和电路补偿元件。热敏电阻广泛用于家用电器、电力工业、通信、军事科学、宇航等各个领域，发展前景极其广阔。

　　热敏电阻的简易测试方法是用手捏住被测热敏电阻，将万用表置于欧姆挡"×1 kΩ"量程测量热敏电阻的阻值，万用表的读数会有变化或指针会有摆动。

　　2. 蜂鸣器

　　蜂鸣器又称音响器及讯响器，是一种小型化的电声器件。其外形如图 7-11 所示，电路图形及文字符号如图 7-12 所示。

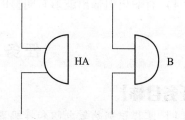

图 7-11　蜂鸣器的外形　　　　　　图 7-12　蜂鸣器的电路图形及文字符号

　　按工作原理可分为压电式及电磁式两大类。压电式蜂鸣器采用压电陶瓷片构成，当给压电陶瓷片加以音频信号时，在压电效应的作用下，陶瓷片将随音频信号的频率发生机械振动，从而发出声响。电磁式蜂鸣器的内部由磁铁、线圈以及振动膜片等部分组成。当音频电流流过线圈时，线圈产生磁场，振动膜则以与音频信号频率相同的频率被吸合和释放，产生机械振动，并在共鸣腔的作用下发出声响。

　　蜂鸣器根据音源的类型可归纳为无源和有源两大类。无源蜂鸣器相当于一个微型扬声器，只有当外加音源驱动信号时才能发出声响。有源蜂鸣器内部装有集成音源电路，不需外加任何音源驱动信号，只要接通直流电源就能发出音响。有源蜂鸣器在小型报警电路中使用得较多。额定电压（直流）有 1.5 V、3 V、6 V、9 V、12 V、24 V 等规格。

蜂鸣器最直接的测试方法是给其加上额定电压（极性要正确），蜂鸣器应能发出响亮的蜂鸣声。

二、电子报警器电路分析

1. 电路的组成

超温电子报警器电路如图 7－13 所示，该报警器可用于个人计算机（PC）的过热报警。如果 PC 内的散热风扇出现故障或电路产生过载而使机内温度升高，都会造成 PC 内部过热。这种过热有可能造成机内电源部件或主板损坏。为了避免这种损失，可为 PC 安装过热报警器，当 PC 内部温度升高到预定的警戒温度时，报警器就会发出报警声。该报警器也可用于其他超温报警的场所，如蔬菜棚、温室等。

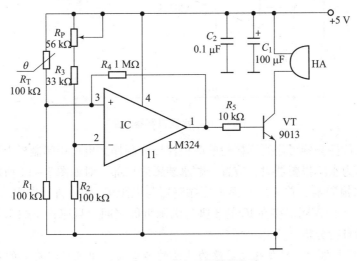

图 7－13　超温电子报警器电路

电路由 NTC 热敏电阻 R_T、电压比较器 IC、驱动管 VT、蜂鸣器 HA 等部分组成。调整 R_P 的阻值可改变报警的温度。

2. 电路的工作过程

电路中采用负温度系数的热敏电阻 R_T 作为温度传感器，被安装在散热风扇气流经过的适当部位。R_T 与 R_1 串联对电源分压，电压比较器 IC 的同相输入端电压将随温度变化而变化。R_P、R_3 与 R_2 串联分压后给电压比较器 IC 的反相输入端提供一个参考电压。

当 PC 正常工作未过热时，R_T 的阻值大于 R_3 与 R_P 的阻值之和，而 R_1 与 R_2 相等，所以电压比较器 IC 的反相输入端电压高于同相输入端电压，比较器从 1 脚输出低电平，驱动管 VT 截止，蜂鸣器 HA 不发声。

当 PC 内的温度上升到设定的温度界限值时，R_T 的阻值减小到 R_3 与 R_P 的阻值之和，IC 的同相输入端的电位高于反相输入端的电位，IC 的 1 脚输出高电平。该高电平使驱动管 VT 导通，有源蜂鸣器 HA 发出报警声。

可根据实际的控温需要，通过调节 R_P 设定警戒温度值，建议设定为 45 ℃。电阻 R_4 的作用是使电压比较器 IC 的翻转具有适当的滞后量，以免在警戒温度时报警声出现时断时续的现象。

3. 电路改进与功能拓展

将如图 7 – 13 所示的超温电子报警器稍加改动，可变成其他报警器。比如，将热敏电阻 R_T 改为水位探测器，则可变为水满报警器或缺水报警器，可用于汽车水箱或楼顶水塔等处的水满报警或缺水报警。水满报警器电路如图 7 – 14 所示。

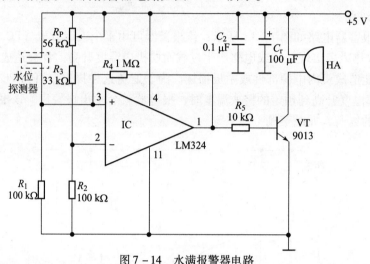

图 7 – 14　水满报警器电路

电路中的水位探测器可用互不接触的两根裸导线制作，也可用印制板上相互绝缘的两条导线制作。当作为水满报警器时，应置于贮水装置的顶部。对如图 7 – 14 所示的电路稍加改动即可变成缺水报警器，首先应交换水位探测器与电阻 R_1 的位置，即 R_1 接在电源正极与 IC 的 3 脚之间，水位探测器接在 IC 的 3 脚与电源负极之间，且应置于贮水装置的底部。电路的工作过程请自行分析。

【注意】如将电路中的水位探测器改为其他的传感器，即可实现更多的报警功能。比如改为光敏元件（光敏电阻、光敏二极管、光敏三极管等），即可实现光控或报警功能。

有关其他传感器，请参阅相关书籍。

三、超温电子报警器的组装与调试

1. 元器件选择

（1）R_T 选用常温下约 100 kΩ 的负温系数热敏电阻；

（2）HA 选用 3 V 或 6 V 的有源蜂鸣器；

（3）其他元器件的型号和参数如图 7 – 13 所示。

2. 组装调试

（1）对照电路图，把各元器件安装在万能板上的适当位置；

（2）使用电烙铁进行焊接，按工艺要求检查焊点质量、修剪引脚；

（3）组装完毕检查无误后，调整 R_P 使其阻值为最大，然后通电试机；

（4）接通 +5 V 电源后，用手捏住 R_T 或用电烙铁靠近（不接触）R_T，如能报警则组装无误，可进入下一步的整机测试；如未报警，则需检修、调试；

（5）若通电试机不成功，可先用万用表测量并记录 IC 的 2 脚电压值，然后用手捏住 R_T 或用电烙铁靠近（不接触）R_T，并同时测量 3 脚电压，观察电压的变化情况。

①如 3 脚电压无变化，则应检查 R_T、R_3 接线是否正确，以及与 IC 的 3 脚间接线是否正确。如接线正确，则应检查 R_T 的质量，即用手捏住 R_T 测量其阻值是否有变化。

②如 3 脚电压有变化，则应观察 3 脚电压是否能高于 2 脚电压，如始终不能高于 2 脚电压，则应加大 R_3 的阻值。

③如 3 脚电压能高于 2 脚电压，则应检查 1 脚是否输出高电平。如 1 脚不能输出高电平，则应检查 IC 是否装对；如 1 脚能输出高电平，则应检查 R_5、VT 及 HA 是否装对；如全部安装正确，则应检查相应元器件的好坏。

3．电路测试、调整

（1）如将报警器用于个人计算机过热报警，则应将报警温度设定在 45 ℃左右。调整 R_P 来改变报警的温度，如 R_P 已调至最大，报警温度仍高于 45 ℃，则应增大 R_3 的阻值或减小 R_2 的阻值；如 R_P 已调至最小，报警温度仍不到 45 ℃，则应减小 R_3 的阻值或增大 R_2 的阻值。

（2）用万用表测量电路各点的电压，并填入表 7-7 中。

表 7-7 电路电压测量表　　　　　　　　　　　　　　V

元器件 状态	IC			VT		
	2 脚	3 脚	1 脚	U_B	U_C	U_E
常温未报警						
超温报警时						

（3）能力测试。在电路元器件参数不变的情况下，怎样改动电路可使超温电子报警器变为低温电子报警器？

任务三　制作触摸式电子防盗报警器

【任务目标】

（1）掌握辨识单向可控硅元件的方法；

（2）理解触摸式电子防盗报警器的组成及工作过程；

（3）掌握组装制作触摸式电子防盗报警器的方法；

（4）掌握使用万用表、示波器对触摸式电子防盗报警器进行调试与测量的方法。

一、触摸式电子防盗报警器

触摸式电子防盗报警器电路如图 7-15 所示。将该报警器的触摸传感器置于门或窗上，可用作入户防盗报警；将报警器的触摸传感器置于箱包或贵重物品（商品）上，也可起到防盗报警作用。该报警器的触摸传感器可由多个报警器并联而成，只要有人触及任一传感器并维持足够的时间，电路即可发出报警，实现了多点防盗报警。该电路也可用作触摸电子门铃电路。

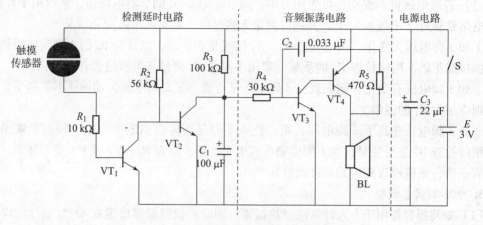

图 7 – 15　触摸式电子防盗报警器电路

1. 电路的组成及各部分作用

该触摸式电子防盗报警器由检测延时电路、音频振荡电路和电源电路组成。

（1）检测延时电路由触摸传感器、电阻 R_1、R_2、R_3、三极管 VT_1、VT_2 和电容 C_1 组成。其中触摸传感器由在同一平面、相互绝缘的两块半圆形金属片组成。检测电路用于检测是否有人触及触摸传感器，延时电路用于提高电路的可靠性，避免瞬间的触及触摸传感器而引起的误报警。

（2）音频振荡电路由电阻 R_4、R_5、电容 C_2、三极管 VT_3、VT_4 和扬声器 BL 组成。音频振荡器为音频信号发生器，用于产生音频振荡信号，以送至扬声器发声。该音频振荡器为互补型振荡器，VT_3 为 NPN 型三极管、VT_4 为 PNP 型三极管，由反馈元件 R_5、C_2 引入正反馈。

（3）电源电路由电池 E、开关 S 和电容 C_3 组成。

2. 电路的工作过程

当接通电源开关 S 后，报警器处于待机状态。触摸传感器的上下两部分开路，三极管 VT_1 基极由于无偏置电压而处于截止状态。三极管 VT_2 处于导通状态，其集电极输出低电平，三极管 VT_3 的基极电压过低，不能使音频振荡器起振工作，扬声器 BL 不发生声。

接通电源开关 S 后，如有人触及触摸传感器，则触摸传感器的上下两部分阻值变小，三极管 VT_1 的基极获得偏压使 VT_1 导通，集电极输出低电平使三极管 VT_2 截止。电源通过开关 S、电阻 R_3 给电容 C_1 充电，电容 C_1 两端电压随之升高，三极管 VT_3 的基极电压也随之升高，约数秒钟后，VT_3 的基极电压升至约 0.7 V，音频振荡器开始工作，扬声器 BL 发出"嘟嘟"的报警声。如果在 VT_3 的基极电压未升至约 0.7 V 前，停止触及触摸传感器，则电路仍处于待机状态，电容 C_1 通过导通的 VT_2 放电。

3. 触摸式电子防盗报警器的组装与调试

1）元器件选择

（1）$R_1 \sim R_5$ 可选用 1/4 W 或 1/8 W 碳膜电阻；

（2）C_1 和 C_3 均选用耐压为 16 V 的铝电解电容；C_2 可选用涤纶电容；

（3）$VT_1 \sim VT_3$ 可选用 S9013 或 3DG6、3DG201 等 NPN 型硅三极管；VT_4 可选用 3AX31B 或 A1015 等 PNP 型锗三极管；

（4）BL 选用 8 Ω/0. 25 W 的小型电动式扬声器；

（5）S 选用微型单极拨动开关；

（6）触摸传感器需自制，可用万能板上相邻的焊盘替代。

2）组装调试

（1）对照电路图，把各元器件安装在万能板上的适当位置；

（2）使用电烙铁进行焊接，按工艺要求检查焊点质量并修剪引脚；

（3）组装完毕，经检查无误后可通电试机；

（4）如果通电测试成功，则进入下一步的整机测试；如未成功，则需检修、调试；

（5）先断开 VT_2 的集电极，如果扬声器立即发声，则说明音频振荡器已起振工作，需检查触摸传感器、R_1、R_2、VT_1、VT_2 是否装正确；如果组装正确，则需检查元器件是否良好；

（6）如断开 VT_2 的集电极，扬声器仍不发声，则先检查 VT_4 的发射极是否有 3 V 电源（电池）供电；如无 3 V 电源（电池）供电，需检查电容 C_3、开关 S、电池 E 极性是否安装正确，元器件是否良好；

（7）如 3 V 电源（电池）供电正常，需检查音频振荡电路的元器件是否组装正确，元器件是否良好。

3）电路测试、调整

（1）用万用表测量 VT_1、VT_2 的各极电压，并填入表 7 - 8 中。

表 7 - 8　触摸式电子防盗报警器测试表　　　　　　　　　　　　　　　　V

三极管 状态	VT_1			VT_2		
	U_{B1}	U_{C1}	U_{E1}	U_{B2}	U_{C2}	U_{E2}
未触摸未报警时						
触摸报警时						

（2）用示波器测量扬声器两端的波形并记录。

（3）将电容 C_1 更换为 47 μF，观察电路工作状态的变化并记录。

（4）分别将电容 C_2 更换为 0. 022 μF，电阻 R_5 更换为 1 kΩ，观察电路工作状态的变化并记录。

项目测评

项目考核内容	考核标准	考核等级/分
电路分析	认识几种常见的传感器及控制器件； 识读电子报警器的电路图	30
装配与焊接工艺	焊盘无损坏； 焊点整齐美观、无虚焊； 线路连接规范、有条理； 传感器件安装到位	10

续表

项目考核内容	考核标准	考核等级/分
电路检测与调试	掌握检测热敏电阻、蜂鸣器及可控硅的质量好坏的方法； 掌握用示波器测量电路中各关键点的信号波形的方法； 掌握排除报警器的常见故障的方法。	30
功能实现	报警器正常工作； 报警器达到预期灵敏度。	30

任务拓展

两种触摸式电子防盗报警器电路的介绍

一、压触式电子防盗报警器

压触式电子防盗报警器电路如图 7 – 16 所示。

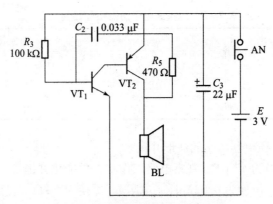

图 7 – 16　压触式电子防盗报警器电路

该电路去除了检测延时电路，并将拨动开关 S 改为微型按钮式常闭开关 AN。在常态即未将开关 AN 按下时，报警器报警；反之，如将 AN 按下，则报警器不报警。

可将该报警器的按钮 AN 置于电视机等重物的下面，如将重物取走则开关 AN 闭合，报警器发出报警声，从而起到防盗报警作用。

二、触摸式可维持电子防盗报警器

如图 7 – 15 所示的报警器如在报警状态时人体撤离触摸传感器，报警声随即停止，有可能未引起主人的注意报警就结束了，也就是说当探测对象消失时，报警声不可维持。如图7 – 17所示的触摸式可维持电子防盗报警器可改变这一状况，只要人体一触及触摸传感器报警器便立即报警，即使人体撤离触摸传感器，报警声也会持续，只有当主人按下按钮开关AN 后才可解除报警。

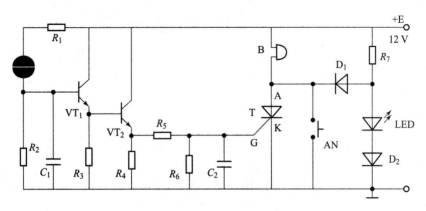

图 7 – 17　触摸式可维持电子防盗报警器电路

实现维持报警功能的核心元件是单向可控硅 T，又称为晶闸管。

小功率塑封可控硅元件的外形如图 7 – 18（a）所示，单向可控硅的电路图形符号如图 7 – 18（b）所示。

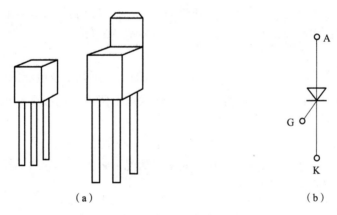

（a）　　　　　　　　　　　　　（b）

图 7 – 18　可控硅的外形及其电路图形符号

（a）塑封可控硅的外形；（b）电路图形符号

单向可控硅有 3 个电极，分别是阳极 A、阴极 K、控制极 G。单向可控硅的电路图形符号与二极管相似，只是在阴极处增加一个控制极。

单向可控硅可以理解为一个受控制的二极管，由其符号可见，也具有单向导电性。不同之处是除了应具有阳极与阴极之间的正向偏置电压外，还必须给控制极加一个足够大的控制电压，在这个控制电压的触发作用下，单向可控硅就会像二极管一样导通。一旦单向可控硅导通，控制电压即使取消也不会影响其正向导通的工作状态。

单向可控硅的单向导电性可用如图 7 – 19 所示的实验电路验证。

1. 实验步骤及现象

（1）开关 K_1 闭合、K_2 断开时，指示灯不亮；交换 V_{CC1} 的极性，指示灯仍不亮；

（2）开关 K_1、K_2 闭合，指示灯亮；

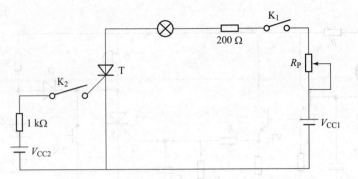

图 7 – 19 单向可控硅导电性实验电路

（3）指示灯亮后，断开 K_2，指示灯仍亮；

（4）交换 V_{CC2} 的极性重做步骤（2），指示灯不亮。

2. 实验结论

无控制信号时，指示灯均不亮，即单向可控硅不导通（阻断）；当阳极、控制极均正偏时，指示灯亮，即单向可控硅导通；若阳极、控制极电压有一个反偏，指示灯就不亮，即单向可控硅不导通；指示灯亮后，如果撤掉控制电压，指示灯仍亮，即单向可控硅维持导通，而控制极失去控制作用。

3. 主要参数

（1）额定通态平均电流 I_F，指可控硅允许通过的工频正弦半波电流的平均值。

（2）通态平均管压降 U_F，指可控硅正向导通状态下阳极和阴极两端的平均压降，一般为 0.6 ~ 1.2 V。

（3）维持电流 I_H，维持可控硅导通状态所需的最小阳极电流。

（4）最小触发电压 U_G，指可控硅在正向偏置情况下，为使其导通而要求控制极所加的最小触发电压，一般为 1 ~ 5 V。

4. 可控硅的关断

可控硅导通后，由于某种原因使阳极电流小于维持电流 I_H 时，可控硅就会关断，即由导通状态转为阻断状态。可控硅关断后，必须重新触发才能再次导通。

电路通电后，如没有人体触及触摸传感器，则 VT_1、VT_2 截止，T 的 G 极无触发电压而处于正向阻断状态，蜂鸣器 B 无声，LED 发光指示正常工作；如有人体触及触摸传感器，则 VT_1、VT_2 导通，T 的 G 极被触发而进入导通状态，蜂鸣器 B 发出报警声，LED 熄灭。即使人体撤离触摸传感器，由于单向可控硅 T 的控制极失去控制作用，可控硅 T 维持导通，所以报警声仍会持续。当主人按下按钮 AN 时，可控硅 T 由于阳极电流消失而被关断，即可解除报警。

电路中，微型常开按钮 AN 有两个作用：一是在待机未报警时起试机作用，按下 AN 即可听到报警声；二是在报警时起解除报警作用。发光二极管 LED 起待机指示作用，报警时熄灭（也可以修改电路，在待机时发光二极管 LED 熄灭，而报警时发光）。二极管 D_1 的作用是当可控硅 T 阻断时，隔离蜂鸣器 B，禁止其发声避免误报警；而当可控硅 T 导通时，D_1 与 T 一起将 LED 与 D_2 短路，使 LED 熄灭。二极管 D_2 的作用是保证报警时，发光二极管

LED 能可靠熄灭。

电路的元器件清单如表 7 – 9 所示。

表 7 – 9　报警器元器件清单

名称	编号	规格型号	元器件种类	编号	规格型号
电阻器	R_1	100 kΩ	电容器	C_1	1 000 pF
	R_2	1 MΩ		C_2	0.1 μF
	R_3、R_4	47 kΩ	三极管	VT$_1$、VT$_2$	S9013
	R_5	4.7 kΩ	二极管	D$_1$、D$_2$	1N4001
	R_6	10 kΩ	发光管	LED	绿色
	R_7	1 kΩ	蜂鸣器	B	12 V
单向可控硅	T	1 A/100 V	微动开关	AN	常开

项目小结

本项目分 3 个任务，包括正弦波振荡器的制作和超温电子报警器的制作和触摸式电子防盗报警器的制作。

（1）振荡电路的平衡条件包括幅度平衡条件和相位平衡条件；

（2）$AF > 1$ 为振荡电路的起振条件；

（3）正弦波振荡器具有能自行起振且能输出稳定振荡信号的特点，一般由放大电路、反馈电路、选频电路、稳幅电路 4 部分组成；

（4）热敏电阻包括正温度系数热敏电阻、负温度系数热敏电阻和临界温度热敏电阻；

（5）触摸式电子防盗报警器由检测延时电路、音频振荡电路和电源电路组成。

思考及练习

一、填空题

1. 每级选频放大器只有一个选频 LC 回路的称为＿＿＿＿放大器，每级放大器有两个选频 LC 回路的称为＿＿＿＿放大器。

2. 正弦波振荡器是一种能量转换装置，无须外加＿＿＿＿信号，就能通过电流自身的正反馈把＿＿＿＿电能转换为＿＿＿＿电能。

3. LC 振荡器主要用于产生＿＿＿＿信号，RC 振荡器主要用于产生＿＿＿＿信号，石英晶体振荡器的特点是振荡频率＿＿＿＿。

4. 三点式振荡电路有＿＿＿＿和＿＿＿＿，其共同点都是从＿＿＿＿振荡回路引出＿＿＿＿＿＿端点与＿＿＿＿3 个电极相连接。

二、选择题

1. 正弦波振荡器是一种（　　）的电子电路。

A. 将交流电能转换为直流电能　　　B. 将直流电能转换为交流电能

C. 对交流信号进行放大处理

2. 电容三点式振荡器改进型电路可以（　　）。

A. 提高振荡频率的稳定性　　　　B. 提高振荡器的振动频率

C. 易于起振

3. 在如图 7-20 所示电路中，以下说法正确的是（　　）。

A. 该电路由于放大器不能正常工作，所以不能产生正弦波振荡

B. 该电路由于无选频网络，所以不能产生正弦波振荡

C. 该电路由于不满足相位平衡条件，所以不能产生正弦波振荡

D. 该电路满足相位平衡条件，可能产生正弦波振荡

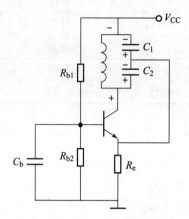

图 7-20　项目七习题用图（1）

4. 正弦波振荡器的振动频率取决于（　　）。

A. 反馈元件的参数　　　　B. 正反馈的强度　　　　C. 选频网络的参数

5. 电容三点式振荡器中，L_1 和 L_2 实际上是（　　）。

A. 并联　　　　　　　　B. 顺向串联　　　　　　C. 反向串联

6. 低频正弦信号发生器中的振荡器，一般用（　　）。

A. LC 振荡器　　　　　　B. RC 桥式振荡器　　　　C. RC 移相式振荡器

三、判断题

1. 调谐放大器最理想的谐振曲线是矩形。　　　　　　　　　　　　　　　（　　）

2. 选频放大器的放大倍数与信号频率有关。　　　　　　　　　　　　　　（　　）

3. 振荡器一般可分为正反馈振荡器和负反馈振荡器。　　　　　　　　　　（　　）

4. 凡是能振荡的电路一定具有正反馈回路。　　　　　　　　　　　　　　（　　）

5. 正弦振荡器中如没有选频网络，就不能产生自激振荡。　　　　　　　　（　　）

6. 振荡器中为了产生一定频率的正弦波，必须要有选频网络。　　　　　　（　　）

7. 振荡器和放大器一样也是一种能量转换装置。　　　　　　　　　　　　（　　）

8. 振荡的实质是把直流电能转换为交流电能。　　　　　　　　　　　　　（　　）

9. 提高 LC 谐振回路的 Q 值，有利于提高振荡器的频率稳定度。　　　　（　　）

10. 电感三点式振荡器的输出波形比电容三点式振荡器的输出波形好。　　（　　）

11. RC 桥式振荡电路通常作为低频信号发生器使用。　　　　　　　　　　（　　）

12. RC 桥式振荡电路采用两级放大器的目的是为了实现同相放大。　　　（　　）

一、实训目的

录/放音机综合项目实训与低频模拟电路课程密切相关。该实训课可使学生进一步掌握低频放大电路的三种组态电路组成、OTL 功率放大电路的组成、机芯的原理和基本的检测电路的方法并练好焊接技术，同时使学生进一步加深对所学基础知识的理解，培养和提高学生的自学能力、实践动手能力和分析解决问题的能力。

二、实验设备

（1）万用表、直流稳压电源；

（2）随身听；

（3）安装录音机所需的其他元器件。

三、实训原理

1. 录/放音机整机电路

录/放音机整机电路如图 8-1 所示。

2. 磁性材料

1）磁性材料的磁化特性与磁性信号的储存

铁磁性物质在外磁场作用下将被磁化而获得磁性。若磁性体被磁化的深度用感应强度 B 表示，外磁场用 H 表示，则 H 与 B 的变化曲线关系可由如图 8-2 所示的磁滞回线表示；

由图 8-2 可以看出，当 H 由 0 上升时，B 沿着 $O \to a \to b \to c$ 上升达 S 点；B 基本不变称为磁饱和。当 H 由 S 点减小到 0 时，B 不沿着原来的路径变化，而是沿着 $S \to d \to e \to F$ 变化，即当 $H=0$（磁场作用去掉后）$B \neq 0$ 而为 B_r，称 B_r 为剩磁，且外磁场 H 不同 B_r 也不同，这种外磁场作用后的剩磁现象即是磁性信号储存或记录的原理。将磁性材料制成磁带，当外磁场作用后就以剩磁形式储存了外磁场的信号，当磁头通过音频电流在磁带上产生磁场作用时便实现了录音功能。

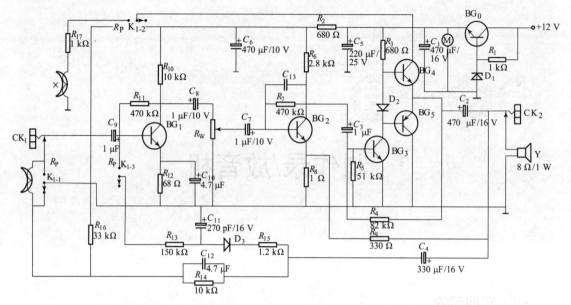

图 8 - 1　录/放音机整机电路

2）磁头与磁带

将带基涂上磁性物质（磁粉）即是磁带，如图 8 - 3 所示。

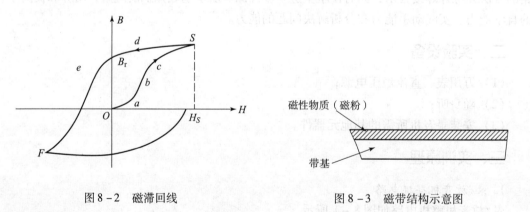

图 8 - 2　磁滞回线

图 8 - 3　磁带结构示意图

以话筒录音为例，录音话筒上的音频信号，即是话筒获得音频信号并放大后，导通磁头线圈，当磁带在磁头前运行经过时，便在磁带上储存了磁头转换后的音频信号，如图 8 - 4 所示。

3. 录音原理

1）录音偏磁问题

从如图 8 - 2 所示的磁滞回线可以看出，当外磁场作用很小时 B 有非线性区，为了防止录音失真，通常与三极管直流偏压同样的道理，需给予磁头为偏磁。偏磁分为两种，一种是给磁头通过单向电流产生单向磁场以垫起录音信号，这种偏磁称为直流偏磁。在要求高的录音电路中用超音频交变磁场偏磁，本电路所用为直流偏磁。录音原理示意如图8-5所示。

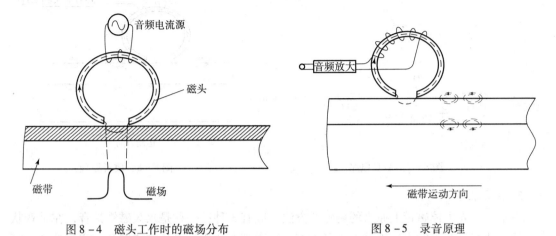

图8-4 磁头工作时的磁场分布　　　　　图8-5 录音原理

2）高频提升电路

由于磁头的感性阻抗特性，高音频信号通过磁头时的阻抗大于低音频信号通过磁头时的阻抗，使得录音时会出现高频衰减失真，为此应在电路上加入 RC 高频提升电路，如图8-6所示。

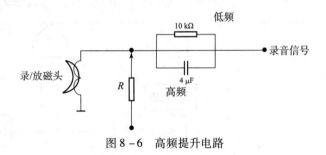

图8-6 高频提升电路

3）ALC电路

由于录音状态下音量调节常跟不上信号的变化，因此引入录音自动音量调节电路（即ALC电路），其原理是根据录音信号的强弱去调节录音放大器的增益。本机中的ALC电路如图8-7所示。

其中二极管为ALC检波，电容为ALC滤波，目的为检波录音信号的幅值，使直流控制前级录音放大器的直流工作点下调，以达到调节增益的目的。

应该注意的是上面3个问题在放音时应不起作用，通常用录放开关切换工作状态，本机中开关为 K_{1-1}、K_{1-2}、K_{1-3}。

4. 放音原理

放音时，已储存了剩磁的磁带当以与录音时相同的速度经过放音磁头时，剩磁通过磁头铁芯形成回路，因而磁带上的剩磁就会在放音磁头线圈上产生一个与剩磁通变化规律相同的感应电动势，此电动势经声音放大器放大后推动扬声器还原出原来的声音，放音原理如图8-8所示。

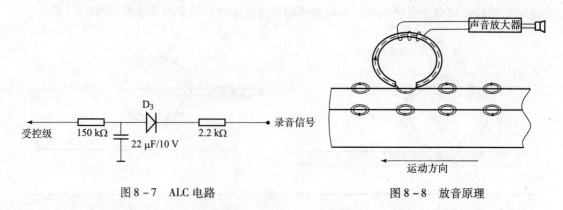

图 8 - 7   ALC 电路   图 8 - 8   放音原理

5. 抹音原理

在录音时先去掉磁带上原来的剩磁的方法一般有 3 种，一种是永久磁铁抹音，在录音状态下使安装在机芯上的永磁铁接近录音磁带，使磁带上剩磁淹没达到磁饱和，实现抹音。第二种是直流抹音，抹音磁头通过较强的直流电流形成单向磁场，当磁带通过抹音磁头时就被磁化饱和，实现抹音。第三种是电流磁场抹音，利用录/放开关切换按钮，在录音状态下抹音磁头有电流通过，直流抹音电路与抹音磁头在机芯上的位置如图 8 - 9 所示。

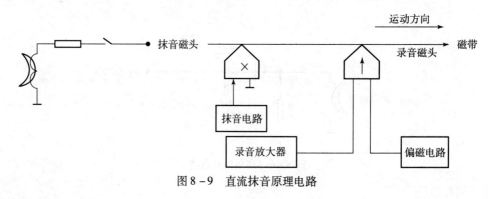

图 8 - 9   直流抹音原理电路

6. 机芯的传动机构

1）功能

（1）完成放音/录音状态下，以 4.76 cm/s 恒速驱动磁带。

（2）快进/快倒状态时快速卷绕磁带和自停机构暂停防误抹音功能。

2）机芯的结构

（1）动力装置。

盒式机芯的动源为直流低压电动机，含有稳速装置，由稳压电源提供额定电压，本机选用 6 V 电动机。

（2）盒式机芯的传动装置。

盒式机芯的传动装置有两种，为摩擦传动装置和齿轮传动装置。

（3）主导机构。

主导机构的主要任务是实现在录音/放音状态下稳定恒速驱动磁带。主导机构如图8 - 10所示。

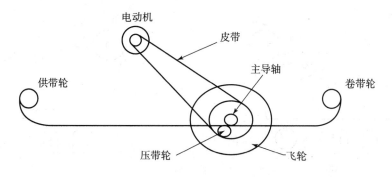

图 8 – 10　主导机构

主导机构主要由 3 部分组成，即动力传递、恒速驱动及卷带轮收带。动力源是电动机，通过皮带的摩擦带动飞轮，主导轴装在飞轮轴芯上旋转压带轮将磁带压在主导轴上，磁带借助摩擦力被驱动，卷带轮及时地收起主导轴压带轮送来的磁带，供带轮被动按需释放磁带，卷带轮收带过程如图 8 – 11 所示。

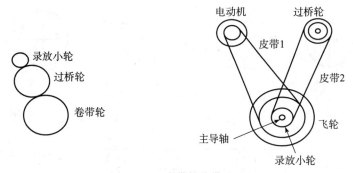

图 8 – 11　卷带轮收带过程

卷带轮收带的工作过程为，在放音状态下，电动机转动皮带 1，带动飞轮完成磁带恒速驱动，皮带 2 带录放小轮，录放小轮与飞轮同轴也跟着转动，通过力缘摩擦带动过桥轮，由过桥轮完成换向和速度变换，过桥轮再驱动卷带轮转动完成收带全过程。

（4）快速进带、倒带机构。

快速进带、倒带机构的主要任务是完成磁带快速进带和倒带运动，如图 8 – 12 所示。一般要求不超过 2 s，倒带、进带过程的动力源仍是电动机，一般电动机转速与放音速度都是 2 400 r/min。通过按下快进键后压带轮远离主导轴，靠录放小轮与卷带轮和进带轮之间齿轮传动实现快进和快倒。

（5）其他辅助机构。

其他辅助机构即刹车装置、开门机构、防误抹机构和暂停机构。

（6）磁头。

磁头在盒套内与磁带接触，在快进状态下，磁头随滑板退在后面，磁头与电路联系（放音/录音状态）如图 8 – 13 所示。

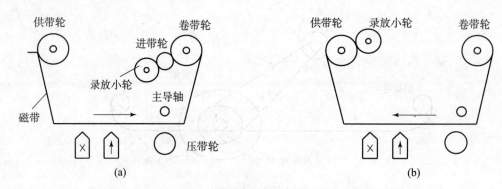

图 8 – 12　快速进带、倒带机构

（a）快速进带结构；（b）快速倒带结构

　　放音状态下，放音磁头是信号源的位置，而抹音磁头虽接近磁带，但由于录/放开关切断抹音电流的通路，抹音电路停止工作；录音状态下，录音磁头是放大器的负载，抹音电路开关接通抹音磁头电流回路，使电路工作。

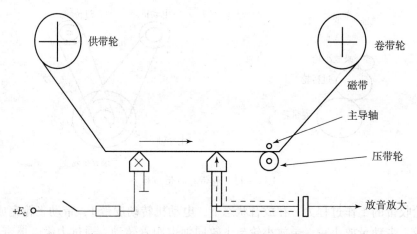

图 8 – 13　磁头与电路联系（放音/录音状态）

四、实训步骤

1. **熟悉原理**

在熟悉（1）～（6）部分的基础上，掌握录音/放音/抹音原理及元器件作用。

2. **元器件选择**

对所用元器件进行测试，选择性能指标较好的元器件。

3. **焊接电路**

根据自后向前的原则，按级焊接，焊接好一级通电测量直到无误后再焊接前一级。

【注意】（1）BG_0、BG_4、BG_5 这 3 只三极管的引脚易断，请注意安装位置。

（2）三极管、二极管、电容的极性不能错接。

（3）元器件安装美观且标识向外。

4. 直流调测

（1）12 V 稳压电源为本机的 6 V 电子滤波稳压器供电，应满足测量电压为 6 ± 0.2 V，带上额定负载后的电流为 $I = 0 \sim 50$ mA，负载电压应大于 6 V；

（2）各级直流调试。

推动级和 OTL 输出两级直耦，调节反馈电阻（82 kΩ）满足中点电压等于 3 V，推动级满足放大条件，OTL 双管微导通，输入放大器和中间电压放大电路应满足放大条件，调节直流反馈电阻应使集电极电压满足电路的要求（因三极管 β 的离散性）。

5. 用交流干扰法判断整机交流是否畅通

在直流调测正常的基础上接入扬声器，本着从后级向前级的干扰原则，具体做法是用直流电阻 $R \times 1$ 挡一端接地，另一端碰触每级输入端，耳听扬声器的反映，判断交流传输是否畅通和放大器放大情况，干扰输入端响声应比输出端响声大。

6. 在交流和直流调试正常的前提下接入机芯

（1）电动机的供电端应接机芯开关，使电机在录音/放音/倒带调试进带时方可通电；

（2）磁头的信号线应用音频屏蔽线；

（3）抹音磁头应由录/放开关控制，保证放音时无抹音电流；

（4）机芯接地防止干扰。

7. 放音状态操作

放入磁带，按下操作键观察放音状态。

8. 录音状态操作

使用话筒录音，两组对录。话筒录音经外接话筒插孔 CK$_1$ 输入。对录时，放音状态的放音信号又从 CK$_2$ 输出信号。

9. 观察工作状态

观察放音、录音、快进、快倒状态下走带机构的工作状态，进一步熟悉机械传动。

10. 常见故障设置

调节反馈电阻（82 kΩ）观察直流对放音状态的影响。

11. 写出实训报告

（1）画出完整的录音/放音机的设计电路，说明电路各部分的工作原理；

（2）写出装配步骤；

（3）记录调试过程；

（4）总结收获与体会。

参 考 文 献

[1] 李福军. 模拟电子技术项目教程 [M]. 武汉：华中科技大学出版社，2010.

[2] 蒋正华. 电子技术及其应用 [M]. 广州：广州白云技工学校出版社，2008.

[3] 童诗白，华成英. 模拟电子技术基础 [M]. 北京：高等教育出版社，2006.

[4] 王天曦. 李鸿儒，电子技术工艺基础 [M]. 北京：清华大学出版社，2000.

[5] 卢庆林，电子产品工艺实训 [M]. 西安：西安电子科技大学出版社，2006.

[6] 聂典，丁伟. Multisim 10 计算机仿真在电子电路设计中的应用 [M]. 北京：电子工业出版社，2009.

[7] 易培林. 电子技术与应用 [M]. 北京：人民邮电出版社，2008.

[8] 张绪光，刘在娥. 模拟电子技术教材 [M]. 北京：北京大学出版社，2010.

[9] 张明金. 模拟电子技术教程 [M]. 北京：北京师范大学出版社，2009.

[10] 李宁. 模拟电路 [M]. 北京：清华大学出版社，2011.

[11] 张琳，孙建林. 模拟电子技术 [M]. 北京：北京大学出版社，2007.

[12] 胡宴如. 模拟电子技术 [M]. 北京：高等教育出版社，2000.